ZEITSCHRIFT FÜR ANGEWANDTE GEOLOGIE

HERAUSGEGEBEN VON
DER STAATLICHEN GEOLOGISCHEN KOMMISSION
UND DER ZENTRALEN VORRATSKOMMISSION
DER DEUTSCHEN DEMOKRATISCHEN REPUBLIK

AUS DEM INHALT

Prof. Dr. E. Lange – 70 Jahre alt

W. Neumann
Die Bergwirtschaft in der Demokratischen Republik Vietnam

E. Lange
Die Rohstofflage in der Gaswirtschaft

W. S. Wyschemirskij
Die Verwendung des Inkohlungsgrades bei den Prognosen für die Ölführung

J. A. Kossygin
Über die Entwicklung der Basisbohrungen in der UdSSR

G. Pratzka
Zur Paragenese der Flußspat-Schwerspat-Lagerstätte Hühn/Trusetal am SW-Rand des Thüringer Waldes

E. Köhler, A. Thomas & F. Reuter
Geräte für ingenieurgeologische Erkundungsarbeiten in der Sowjetunion

AKADEMIE-VERLAG · BERLIN

BAND 5 / HEFT 1
JANUAR 1959
SEITE 1–48

INHALT

	Seite
Glückauf für 1959!	1
Prof. Dr. E. LANGE — 70 Jahre alt	2
W. NEUMANN: Die Bergwirtschaft in der Demokratischen Republik Vietnam	3
E. LANGE: Die Rohstofflage der Gaswirtschaft	16
W. S. WYSCHEMIRSKIJ: Die Verwendung des Inkohlungsgrades bei den Prognosen für die Ölführung	20
J. A. KOSSYGIN: Über die Entwicklung der Basisbohrungen in der UdSSR	23
G. PRATZKA: Zur Paragenese der Flußspat-Schwerspat-Lagerstätte Hühn/Trusetal am SW-Rand des Thüringer Waldes	27
E. KÖHLER, A. THOMAS & F. REUTER: Geräte für ingenieurgeologische Erkundungsarbeiten in der Sowjetunion	34
H.-J. BAUTSCH & A. RICHTER: Ein neues Gießharz als Einbettungsmittel für An- und Dünnschliffe	36
Lesesteine	37
Besprechungen und Referate	39
Nachrichten und Informationen	45

Die ZEITSCHRIFT FÜR ANGEWANDTE GEOLOGIE berichtet ständig ausführlich über folgende Arbeitsgebiete: Geologische Grundlagenforschung und Lagerstättenforschung / Methodik der geologischen Erkundung / Ökonomie und Planung der geologischen Erkundung / Technik der geologischen Erkundung / Geologie und Lagerstättenkunde im Ausland / Bibliographie, Verordnungen, Richtlinien, Konferenzen, Personalnachrichten

Die ZEITSCHRIFT FÜR ANGEWANDTE GEOLOGIE ist kein Organ einer engen Fachgruppe. Auf ihren Seiten können alle strittigen Fragen der praktischen Geologie behandelt werden. Die Autoren übernehmen für ihre Aufsätze die übliche Verantwortung

Herausgeber: Staatliche Geologische Kommission und Zentrale Vorratskommission für mineralische Rohstoffe der Deutschen Demokratischen Republik. Chefredakteur: Prof. Dr. Erich Lange, Berlin. Redaktion: Berlin N 4, Invalidenstraße 44. Verlag: Akademie-Verlag GmbH, Berlin W 8 Mohrenstraße 39 (Fernsprecher 200386, Postscheckkonto: Berlin 35021). Bestell- und Verlagsnummer des Heftes: 1047/5/1. Die „Zeitschrift für angewandte Geologie" erscheint monatlich. Bezugspreis 2,— DM je Heft. — Satz und Druck: Druckhaus „Maxim Gorki", Altenburg. Veröffentlicht unter der Lizenznummer ZLN 5008 des Ministeriums für Kultur, Hauptverwaltung Verlagswesen. Karten: MdI der DDR Nr. 4422, 4465 / K 11. Printed in Germany.

ZEITSCHRIFT FÜR ANGEWANDTE GEOLOGIE

CHEFREDAKTEUR: PROF. DR. E. LANGE

BAND 5 · JANUAR 1959 · HEFT 1

Glückauf für 1959!

Das Jahr 1959 verlangt von uns Geologen der Deutschen Demokratischen Republik die Lösung besonders großer und schwerwiegender Aufgaben. Unser Chemieprogramm, das Ende des vergangenen Jahres im Leuna-Werk durch den 1. Sekretär der Sozialistischen Einheitspartei Deutschlands, WALTER ULBRICHT, begründet wurde, setzt voraus, daß die Bodenschätze unserer Republik, die auch zum großen Teil Rohstoffe für eine Vielzahl wichtigster chemischer Industrieprodukte bilden, von den Geologen ermittelt werden, um sie für die Wirtschaft nutzbar zu machen. Stellt auch das Rohöl, das wir in einigen Jahren über eine Fernleitung erhalten werden, eine große Hilfe dar, so fällt uns doch selbst die Aufgabe zu, so schnell wie möglich Erdgas- und Erdöllagerstätten bei uns zu suchen, zu finden und zur beschleunigten Nutzung vorzubereiten.

Die Bohrtechnik und die Geophysik, die im letzten Jahre erfreuliche Fortschritte gemacht haben, müssen noch leistungsfähiger werden, so daß wir auch auf diesem Gebiet schnellstens den Weltstand erreichen.

Unser Ziel, eine eigene, ins Gewicht fallende Erdöl- und Erdgasproduktion zu erreichen, ist nicht nur eine rein geologische Angelegenheit. Sie ist von großer politischer Tragweite. Jede Tonne Öl, jeder Kubikmeter Erdgas, den wir aus unseren eigenen Gebieten gewinnen, stärkt die Friedenskräfte.

An einem guten Erfolg unserer Anstrengungen kann bei der großzügigen sowjetischen Hilfe nicht gezweifelt werden. Es ist zu erwarten, daß die ersten Ergebnisse dieser sich anbahnenden Kollektivarbeit bereits im Laufe des beginnenden Jahres sichtbar werden. Auch die anderen Zweige unserer wissenschaftlichen und praktischen Tätigkeit können sich, nachdem im Jahr 1958 eine entscheidende Veränderung in der Struktur der Staatlichen Geologischen Kommission und ihrer Betriebe vollzogen wurde und bisherige, die Vorwärtsentwicklung hemmende Schwierigkeiten beseitigt wurden, günstig weiterentwickeln.

Was auf allen unseren Arbeitsgebieten vor allem notwendig ist, ist die Anwendung streng wissenschaftlicher und kollektiver Arbeitsmethoden.

Das ist eine Forderung, die die Erste Ökonomische Konferenz der Staatlichen Geologischen Kommission Anfang November 1958 erhob. Folgen wir ihr und lösen wir mit Elan, Mut und Optimismus alle vor uns stehenden großen und kleinen geologischen Aufgaben!

Vorwärts zu neuen Erfolgen!

Prof. Dr. ERICH LANGE – 70 Jahre alt

Professor Dr. ERICH LANGE, Chefredakteur der „Zeitschrift für angewandte Geologie“, begeht am 9. Januar 1959 seinen 70. Geburtstag. Er gehört zu den bekanntesten Geologen unserer Republik und wird von Freunden und Kollegen als aufrichtiger Kämpfer für die sozialistische Gesellschaft geachtet.

Professor LANGE wurde in Berlin geboren. Bereits während der Schulzeit erwachte in ihm die Neigung zu den Naturwissenschaften. Nach dem Maturum studierte er an der damaligen Bergakademie in Berlin und promovierte im Jahre 1913 an der jetzigen Humboldt-Universität mit einer Arbeit über die marine Fauna der Tendaguru-Schichten. Danach war er auf Empfehlung des Geologisch-Paläontologischen Instituts im ehemaligen Kamerun tätig. Hier konnte Professor LANGE durch eingehende geologische Studien seine Fachkenntnisse bereichern. Der erste Weltkrieg setzte dieser Forschungsarbeit ein Ende. Nach englischer Kriegsgefangenschaft gelangte er durch Austausch in die Schweiz, wo er sich durch Gutachtertätigkeit einen Einblick in die Alpengeologie verschaffen konnte.

Gleich nach Kriegsende trat Professor LANGE in Konstanz dem Spartakusbund bei, wurde dann Mitarbeiter der Technischen Staatskommission der UdSSR in Berlin und ging in dieser Eigenschaft im Jahre 1921 für ein Jahr nach Moskau zum Gornij-Sowjet. Später arbeitete er mehrere Jahre als Sachverständiger für mineralische Rohstoffe bei der Handelsvertretung der UdSSR in Deutschland.

1932 wurde Professor LANGE wegen seiner aktiven politischen Betätigung von den Weimarer Behörden in Untersuchungshaft genommen. Auch in der Nazizeit führten die Faschisten gegen ihn bis 1935 Ermittlungsverfahren durch, und er erhielt keine Beschäftigung. Erst danach wurde ihm eine Arbeit als Geologe beim damaligen Reichsamt für Bodenforschung zugewiesen.

Nach dem Zusammenbruch des faschistischen Deutschlands widmete sich Professor LANGE mit seinen politischen und wissenschaftlichen Erfahrungen sofort dem Wiederaufbau. Ende 1945 wurde er als ordentlicher Professor für Brennstoffgeologie an die Bergakademie Freiberg berufen. Neben seiner wissenschaftlichen Arbeit kämpfte er beharrlich für die geistige Erneuerung der Bergakademie als traditionsreicher Bildungsstätte deutscher humanistischer Wissenschaft.

Von 1946—1949 war er Abgeordneter des Sächsischen Landtages. Im Oktober 1946 übernahm Professor LANGE in Berlin die verantwortungsvolle Tätigkeit des Präsidenten der ehemaligen Geologischen Landesanstalt. Hier leistete er wahre Pionierarbeit. Seinem Einsatz ist es zu verdanken, daß wichtiges geologisches Erkundungsmaterial erhalten blieb. In mühseliger Kleinarbeit rettete er mit wenigen Mitarbeitern von den Kriegseinwirkungen verschont gebliebene Dokumente und Belege vor Diebstahl und unberechtigter Auslagerung. Seine Initiative führte dazu, daß bereits Mitte 1947 die geologischen Erkundungsarbeiten wieder aufgenommen werden konnten.

Es ist sein besonderes Verdienst, daß er sich für die forcierte Erkundung von Erdöl- und Erdgas-Lagerstätten einsetzte. Trotz seines Alters übernahm er 1955 die Chefredaktion der „Zeitschrift für angewandte Geologie“ und entwickelte sie nach Überwindung mancherlei Schwierigkeiten zu einem internationalen Fachorgan.

Seine Freunde und Mitarbeiter sprechen dem Jubilar, der sowohl in der Praxis als auch bei der Lösung theoretischer Probleme stets in vorderster Reihe zu finden ist, anläßlich seines Ehrentages ihre herzlichen Glückwünsche aus. Sie wünschen ihm von ganzem Herzen Gesundheit und noch viele Jahre voller Schaffenskraft.

Die Bergwirtschaft in der Demokratischen Republik Vietnam

WERNER NEUMANN, Berlin

INHALT

Einführung 3
Geotektonik und Lagerstättenbildung 4
Die Lagerstätten und ihre bergwirtschaftliche Bedeutung 5
Geschichte der bergbaulichen Erschließung 14
Ausblick 15
Literatur 16

Das Gebiet der Demokratischen Republik Vietnam umfaßt seit dem Waffenstillstand von Genf vom 21. 7. 1954 die ehemaligen französischen Protektorate Tongking (heute Bac-bo) und Nordannam (Annam heute Trun-bo) bis zum 17° nördl. Breite.

In dem 164103 km² großen Gebiet (nach Statesman's Year-Book 1956) wohnen schätzungsweise 15 Millionen (±10%) Einwohner. Auf 1 km² würden theoretisch 91 Menschen wohnen. Von allen Staaten Hinterindiens hat Vietnam die höchste Bevölkerungsdichte, was durch die günstigen Lebensbedingungen in den alluvialen Küstenebenen erklärt wird. Hier dürfte die Besiedelung im Vergleich zum Hinterland noch höher sein. Die Städte Hanoi und Haiphong haben nach einer Schätzung aus dem Jahre 1953 300000 bzw. 217000 Einwohner.

Außer Annamiten bewohnen das Land etwa 30 nationale Minderheiten.

Französisch-Indochina galt als reiner Agrarstaat. 1942 waren in der Landwirtschaft 85%, in Industrie und Handwerk dagegen nur 3,5% der Bevölkerung beschäftigt.

Verfasser war 1956–1957 sechs Monate an der Untersuchung von Verwitterungsphosphaten beteiligt und hat einige Gebiete des Landes bereist. Hieraus entstand die Anregung, die erreichbare Literatur durchzusehen. Im folgenden wird der Stand der Bergwirtschaft in der Kolonialzeit dargestellt, um dem Leser ein grobes Bild zu geben, welche Bedeutung dem Bergbau in der künftigen volkswirtschaftlichen Entwicklung zukommt.

Einführung

Die bergbauliche Erschließung Vietnams begann etwa um das Jahr 1830, als Chinesen und Einheimische anfingen, die günstig gelegenen Anthrazitlager an der Küste zwischen Hongay und Kebao abzubauen. An Erzen war Blei bei den Bergvölkern für die Jagd von jeher gesucht und wurde an vielen Orten gewonnen.

Aufzeichnungen über diesen alten Bergbau, wie ein Bericht des Königshofes in Hue über die Situation der Gruben in Annam in dem Zeitraum von 1810–1850, enthalten im wesentlichen wenig technische Einzelheiten (BLONDEL 1931). Eine Dokumentation wird erst durch die Franzosen eingeleitet, die an ihre 1862 erworbene Kolonie Cochinchina 1884 Annam und Tongking als Protektorate und 1893 Laos und Kambodscha angliederten. Für die geologische und lagerstättenkundliche Durchforschung der zu Französisch-Indochina zusammengeschlossenen Länder wurde 1895 der Service Gèologique de l'Indochine mit dem Sitz in Hanoi gegründet, dessen geologische Karten 1 : 500000 (Abb. 1) und Veröffentlichungen die ersten wissenschaftlichen Untersuchungen darstellen. Topographisch wurde Franz.-Indochina in Generalstabsblättern 1 : 100000 erfaßt, in denen die schroffen Kalkmassive durch Schraffen (Karsttopographie), die weniger steilen Berge durch Höhenlinien eingezeichnet wurden (BLONDEL 1929).

Bereits im Dezember 1939 hatten die Japaner die Südchina vorgelagerte Insel Hainan besetzt. Auf Grund eines Abkommens mit Vichy-Frankreich über die „gemeinsame Verteidigung Indochinas" erhielt Japan ebenfalls Durchmarschrecht durch Thailand. Der japanische Vorstoß hatte strategische Bedeutung (Bedrohung der Burmastraße und der Südflanke Chinas), verfolgte aber auch kriegswirtschaftliche Ziele (Ausbeutung der Zinngebiete Yünnans und Thailands). Der Einfluß Japans währte vom September 1940 bis September 1945. Das japanische Bergbau-Forschungsinstitut in Hanoi arbeitete vor allem an der Erschließung von Eisen-, Chrom-, Nickel- und Wolframvorkommen. Für Prospektionen waren jährlich 0,5 Millionen Yens angesetzt. Die Société de Chrome et de Nickel de l'Indochine ging in japanische Hände über. Eine japanische Gesellschaft finanzierte den Abbau der Apatitlagerstätten bei Lao Kay.

Zur Zeit der japanischen Besetzung entstand im März 1941 die „Demokratische Kampffront für die Unabhängigkeit Vietnams" (Viet-Nam Doc Lap Dong Minh Hoi, abgekürzt Viet-Minh), die am 2. 9. 1945 die „Demokratische Republik Vietnam" ausrief. Von der Nachkriegsregierung in Frankreich nicht aner-

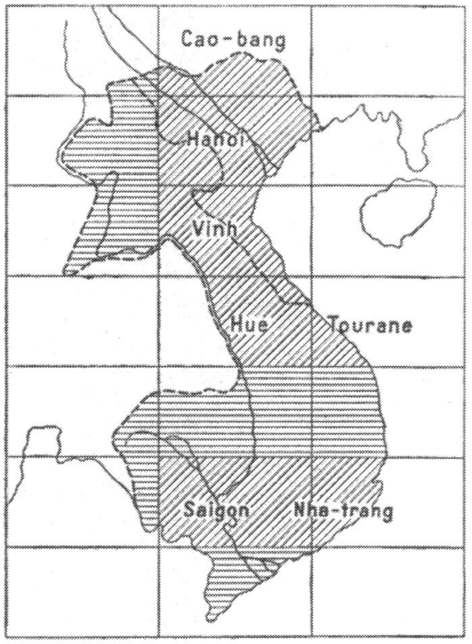

Abb. 1. Einteilung der geologischen Blätter 1 : 500000 des Service Géol. de l'Indochine mit dem Stand der Arbeiten 1939. Die Staatsgrenze der Demokratischen Republik Vietnam ist neu eingefügt. Schrägschraffur: fertiggestellte Blätter (aus Chron. Min. Col. Nr. 83, 1939)

kannt, hat der Viet-Minh bis zum Waffenstillstand von Genf um die Unabhängigkeit des Landes gerungen. Durch diesen Widerstandskampf haben die Verkehrswege und die bergwirtschaftliche Industrie sehr gelitten.

Nach den ersten dringendsten Arbeiten in der Landwirtschaft, dem Aufbau der zerstörten Bewässerungsanlagen für die Reiskulturen und der Erneuerung des zerstörten Verkehrsnetzes ist die Regierung bestrebt, die bergwirtschaftliche Industrie weiter auszubauen.

Geotektonik und Lagerstättenbildung

Über die Bodenschätze des ehemaligen Französisch-Indochina gibt es eine reichhaltige Literatur, die im wesentlichen auf die Angaben des fünfbändigen Werkes „Les ressources minérales de la France d'Outre-Mer" und auf die Spezialarbeiten des Service Géologique zurückgeht.

FROMAGET (1941 a) befaßt sich mit den möglichen Beziehungen zwischen Erzbildung und Tektonik. Seine interessanten Ausführungen helfen uns, die Lagerstätten in der Demokratischen Republik Vietnam, im folgenden kurz mit „Nordvietnam" bezeichnet, richtig zu charakterisieren.

Es ist notwendig, einen Blick auf die geotektonische Strukturkarte zu werfen (Abb. 2). Hinterindien wird von Faltensträngen durchzogen, die fächerförmig (Virgation) auseinanderlaufen und die aus der Einengung zwischen dem Nordostsaum von Gondwanaland (Vorderindien, Australien) und dem Südsaum der Sibirischen Masse herrühren.

Durch die Verfaltung verfestigten (konsolidierten) sich geotektonische Einheiten. So ist die Versteifung der Südchinesischen Masse (Sinia der Abb. 2) bereits vor dem Jungalgonkium erfolgt. Südlich davon liegt der kristalline Sockel Indosinias, dessen Konsolidierung im wesentlichen in der variszischen Orogenese abgeschlossen wurde. Um Indosinia ist die Erdkruste in nachvariszischer Zeit noch mobil und erfährt eine starke Verfaltung (mouvements majeurs JAKOBs) in der Obertrias (vorrätische Orogenese). Anlage und Faltung der tertiären Geosynklinalen Burmas beschließen die Verfestigung Hinterindiens.

„Nordvietnam" liegt zwischen Sinia und Indosinia, auf das sein politisches Territorium noch übergreift. In den Lagunen und Becken der neotriassischen Auffaltung entstand Steinkohle, die zum größten Teil anthrazitisch ausgebildet ist.

Aber auch die Erzlagerstätten halten sich nach FROMAGET an die Zonen der äußersten Einengung. Die Mineralisation steigt bis zur variszischen Epoche ständig an und erreicht in der Tertiärzeit einen Nullpunkt. Die Erzarmut der postvariszischen Gesteine kann allerdings auch darauf beruhen, daß Erosion und marine Abrasion die oberflächlichen Mineralkonzentrationen schon weitgehend zerstört haben.

Während auf dem kristallinen Sockel Indosinias in der Hauptsache Gold (Bong Mieu) und Edelsteine gefunden werden, häufen sich im Faltengebiet des Bac-bo und nördlichen Trun-bo die Fundorte von Bunt-, Eisen- und Stahlmetallen, mit denen wir uns näher beschäftigen wollen.

Auf Tabelle 1 sind die einzelnen Lagerstätten den Formationen oder den tektonischen und magmatischen Perioden der erdgeschichtlichen Entwicklung zugeordnet. Der Versuch stammt von FROMAGET, der dadurch das Problem der Mineralisierung aufzeigen und zu seiner Lösung anregen will.

Die chronologische Übersicht der Tab. 1 soll durch die paläogeographischen Kärtchen der Abb. 3a—d vertieft und ergänzt werden. Mineralfundpunkte sind am genauesten in den geologischen Blättern 1 : 500000 verzeichnet und auch kurz in den dazu gehörenden Erläuterungen erwähnt. Die Abb. 3e—h habe ich nach den Vorlagen von LAVROV (1941) und FROMAGET (1941 a) zusammengestellt. Diese beiden Arbeiten befassen sich mit den Lagerstätten im ehemaligen Französisch-Indochina. Aus ihren Karten wird die Häufung der Bodenschätze in „Nordvietnam" gut ersichtlich, worauf Verf. zum Verständnis des in den Abb. 3a—h gewählten enger umgrenzten Ausschnittes der Erdoberfläche hinweisen möchte.

Seine Verfestigung erreichte das Land durch eine Verfaltung in der Obertrias. Bei einer tektonischen Gliederung benutzt man die Verteilung von Senkungs- und Hebungszonen in dieser Zeit (siehe Karte des Mesozoikums, Abb. 3b).

Tabelle 1. Ablauf der erdgeschichtlichen Ereignisse im Gebiet der Demokratischen Republik Vietnam

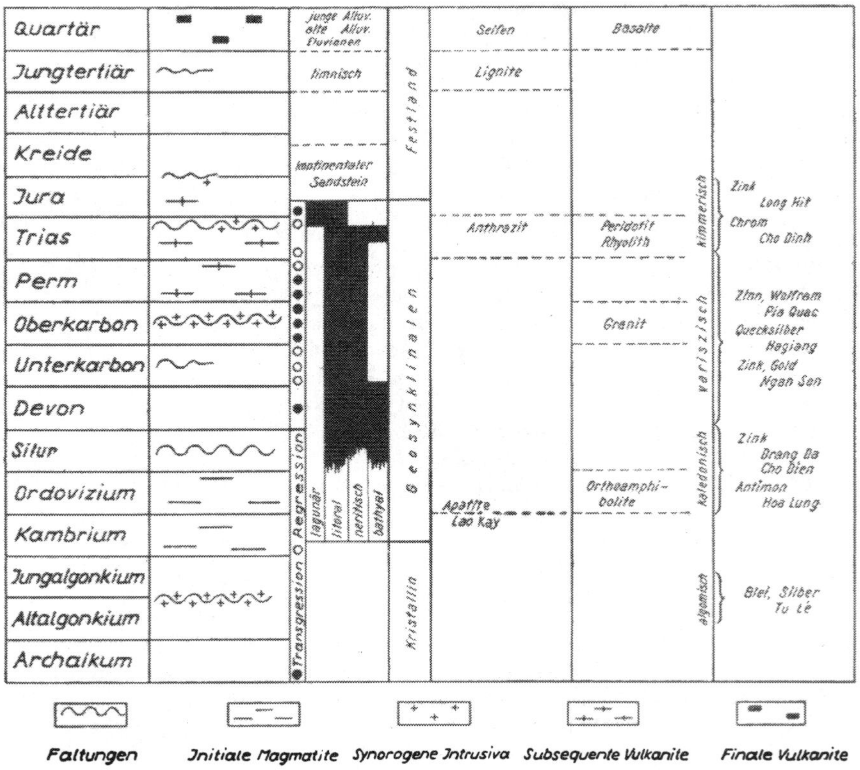

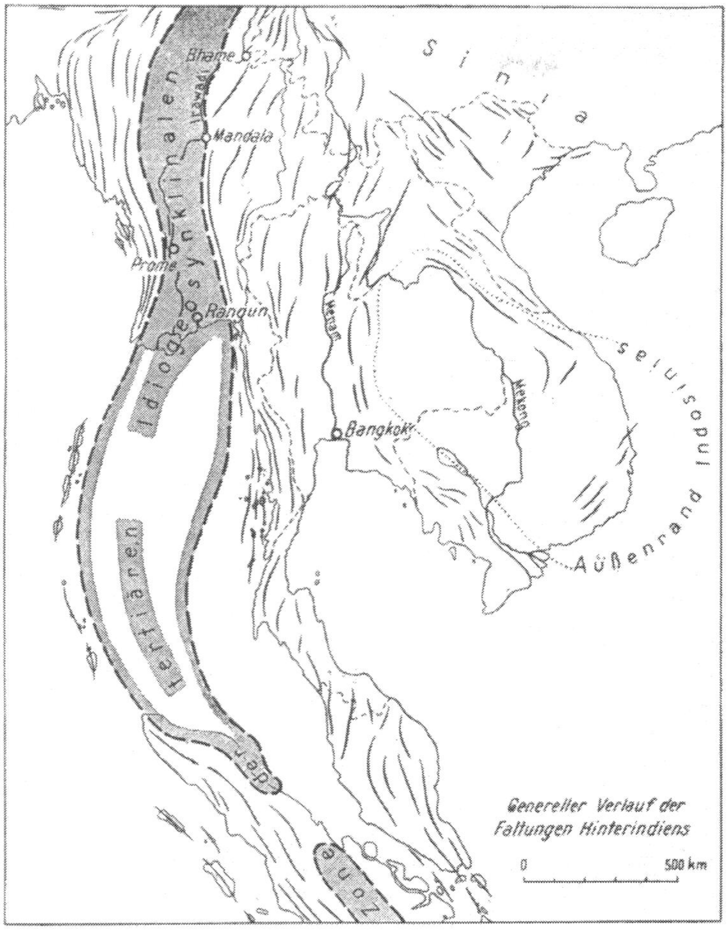

Abb. 2. Das Territorium der Demokratischen Republik Vietnam liegt geotektonisch gesehen zwischen dem jungalgonkisch versteiften Sinia und dem variszisch verfestigten Indosinia, was für die Lagerstättenbildung wesentlich ist. In die Vorlage STILLEs (1943) wurde die Staatsgrenze eingezeichnet

Von Süd nach Nord sieht diese Einteilung wie folgt aus: An Indosinia-Nord (durch den Buchstaben A markiert), das bis nach Vinh am Song Ca hinaufreicht [wir übernehmen die Darstellung FROMAGETs (1941a), während STILLE (1945) (Abb. 2) den Nordostsaum von Indosinia weiter südlich gezogen hat], folgen mit NW-SE-Streichen die Geosynklinalen des Song Ca, von Sam Neua und vom Schwarzen Fluß, jeweils getrennt durch die Hochgebiete des Plateaus von Pou Huat (B), des Song Ma (C) und abgeschlossen durch das Fan Si Pan-Massiv, das in der Paläogeographie der Trias mit Südostchina eine kontinentale Einheit (D) bildet. Dieses Festland wird durch einen nordost gerichteten Meeresarm, nach Lang-Son ziehend, durchquert.

Dasselbe NW-SE-Streichen haben die Geosynklinalen im Mitteldevon (siehe Karte des Paläozoikums, Abb. 3a). Auf die breite annamitische Geosynklinale im Süden (durch die Ziffer I bezeichnet) folgen die Tröge des Song Ma (II, als hypothetisch beschrieben), von Yen Bay (III) und die himalayische Geosynklinale GRABAUs (IV) in Südchina. Die Krustenbewegungen in kaledonischer, variszischer und kimmerischer Zeit halten sich also im allgemeinen an dieselben Richtungen.

Nach der Trias hält eine kontinentale Entwicklung mit einzelnen Lagunen an, die vor allem in Südlaos und Kambodscha zu mächtigen Ablagerungen von grauem oder rotem Sandstein mit Geröll- und Roterdehorizonten geführt hat. In „Nordvietnam“ kommt dieser Sandstein im Zusammenhang mit den Kohlenflözen der Trias vor.

Aus dem Jungtertiär (Miopliozän) sind Seenablagerungen bekannt, in die örtlich Braunkohlenflöze eingelagert sind.

Die Verfestigung Vietnams ist also in der Trias im wesentlichen abgeschlossen, während dieser Zustand in Burma erst im Tertiär erreicht wird.

Die Lagerstätten und ihre bergwirtschaftliche Bedeutung

Im Rahmen dieses bergwirtschaftlich ausgerichteten Aufsatzes will ich die Lagerstätten in folgende Gruppen einteilen:

A. Kohle,
B. Erdöl,
C. Eisen- und Stahlmetalle,
D. Buntmetalle,
E. Leichtmetalle,
F. Metalle für Sonderzwecke,
G. Edelmetalle,
H. Industrieminerale, Steine und Erden.

Aus der Beschreibung wird ersichtlich, ob es sich um sedimentäre, alluviale und eluviale oder um magmatische Anreicherungen handelt.

Zur besseren Charakterisierung der Kohlengruben, die den Schwerpunkt in der Bergwirtschaft bilden, dient Tab. 2, in der Qualität, Flözausbildung und maximale Kapazität angegeben sind.

Tab. 3 enthält Hinweise über die Reserven. Es muß betont werden, daß diese Vorratszahlen auf Schätzungen beruhen und keinen Anspruch auf Genauigkeit und Vollständigkeit erheben. Eine Gegenüberstellung der Reserven mit der maximalen Jahresförderung soll dazu dienen, die beginnende volkswirtschaftliche Entwicklung einzuschätzen. Außerdem habe ich aus Statistiken, die bis 1905 zurückreichen, die abgebaute Tonnage bis 1956 summiert. Die Zahlen geben demnach die Förderung in 50 Jahren Kolonialzeit an und sind — wie alle hier erwähnten Angaben — auf das politische Territorium der Demokratischen Republik Vietnam bezogen.

A. Kohle

Steinkohle

Der Bodenschatz Nr. 1 ist die Steinkohle. Sie entstand in der lagunären Fazies der Obertrias, die durch die ausklingenden Krustenbewegungen der altkimmerischen Orogenese bestimmt wurde. In Niederlaos sind auch Flöze im Westfal und Stefan bekannt. Die Lage der drei Hauptbecken Quang-Yen, Phan-Mè und Phu Nho Quan-Ninh Binh geht aus Abb. 4 hervor. Die zwei nicht überhöhten Nord-Süd-Profile auf Abb. 5 zeigen die Verfaltung der Rätschichten mit den Kohlenflözen quer durch die Bergkette von Dong-Trieu.

Der größte Abbau (65%) geht im Becken von Quang-Yen, unmittelbar an der Küste zwischen Hongay und Kebao, um. Bei Campha sind die Lagerungsverhältnisse und die Mächtigkeit der Flöze so günstig, daß ein großer Tagebau rentabel ist. Die generell Ost-West verlaufenden Schichten sind hier sekundär Nord-Süd verfaltet. Vermutlich schwillt durch diese Sekundär-

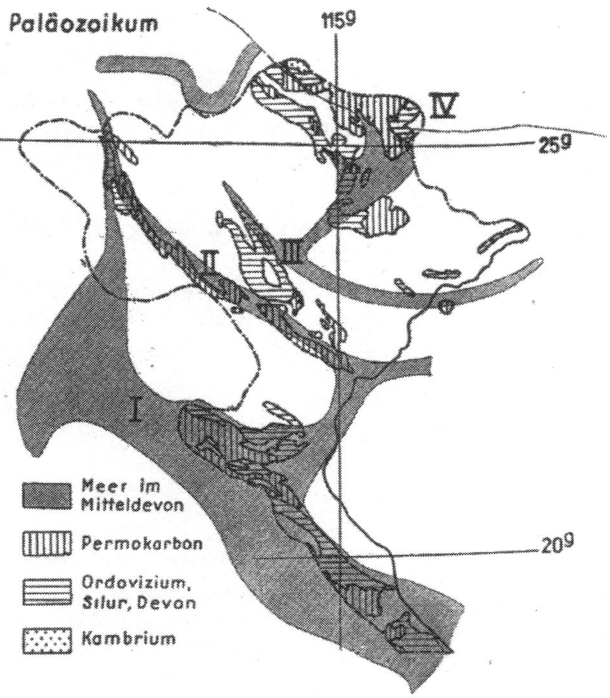

Abb. 3a

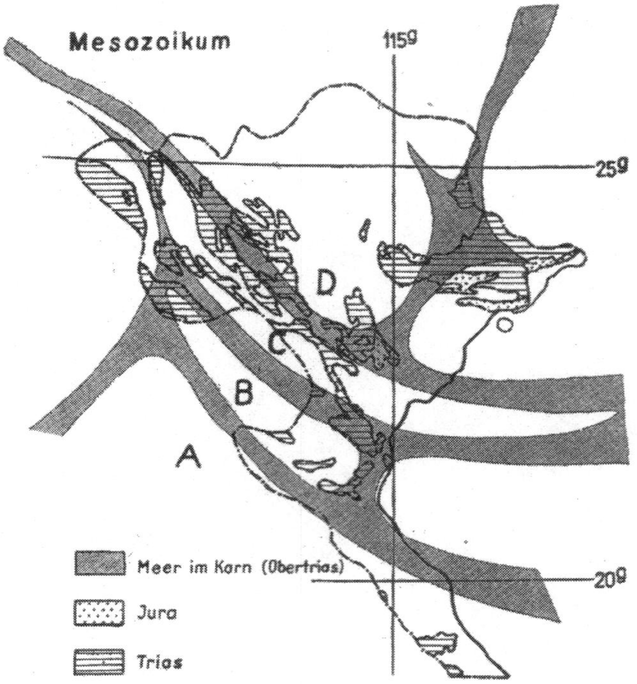

Abb. 3b

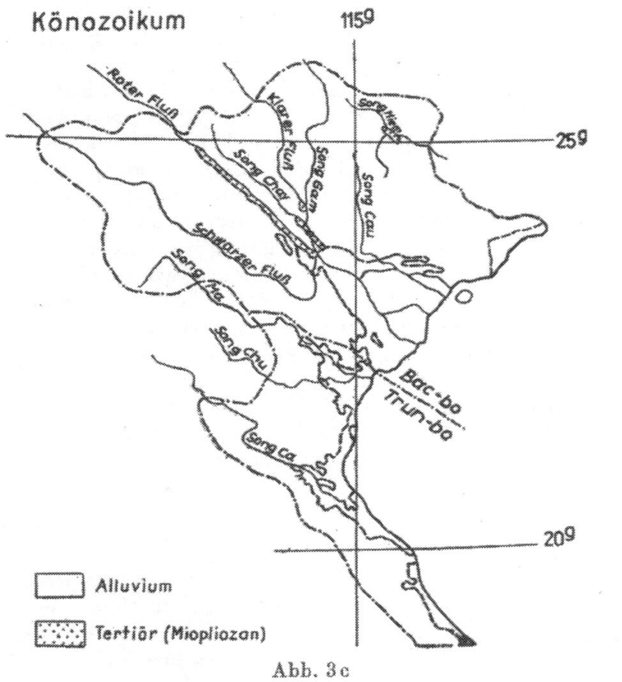

Abb. 3c

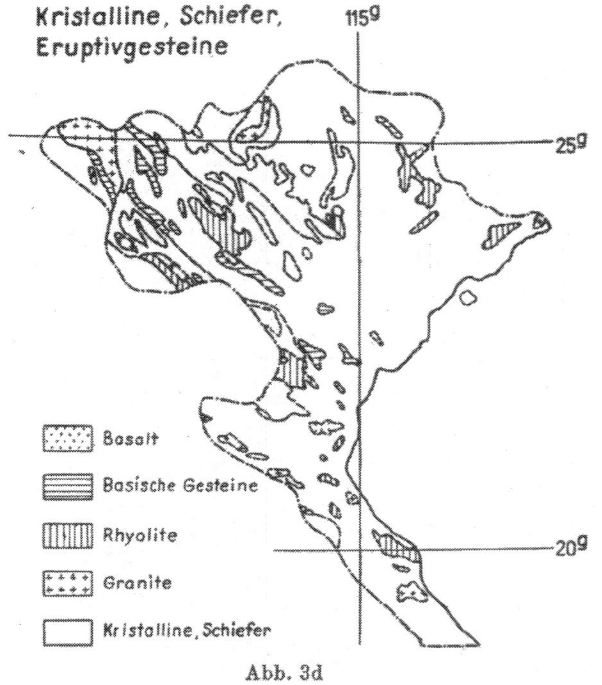

Abb. 3d

Abb. 3a—d. Paläogeographie und Gesteinsverbreitung auf dem Territorium der Demokratischen Republik Vietnam (zusammengestellt nach den Veröff. des Service Géol. de l'Indochine)

tektonik das „Große Flöz" hier auf 80 Meter in einer Gesamtmächtigkeit der Flözfolge von 150 Meter an und fällt mit 45° nach Osten ein.

Die meisten Vietnambesucher dürfen diesen Tagebau mit 800000 Tonnen Jahresförderung bestaunen. Das flözführende Gebirge steigt vom Meeresniveau gleich auf 300 Meter an. Von der Höhe bietet sich ein herrlicher Blick auf den südlichen Tagebau (Abb. 6) und auf die Turmkalke (Permokarbon) der vorgelagerten Bucht.

Kein Ökonom kann von der Natur eine günstigere Lage eines Bodenschatzes verlangen, als er sie hier vorfindet. Nach Abräumung der konglomeratischen Deckhorizonte rutscht das aufgelockerte Gut seiner Schwere folgend in die Beförderungsfahrzeuge, diese bringen es zur Sortiererei und Wäscherei und schließlich aufs Schiff. Etwa 30% der Gesamtförderung erfolgt in Tagebauen.

Der Anthrazit fällt in Campha zu 40% als Stückkohle (über 10 mm) und zu 60% als Grus (unter 10 mm) an. Die Stückkohle ist das eigentliche Exportprodukt. Ihre

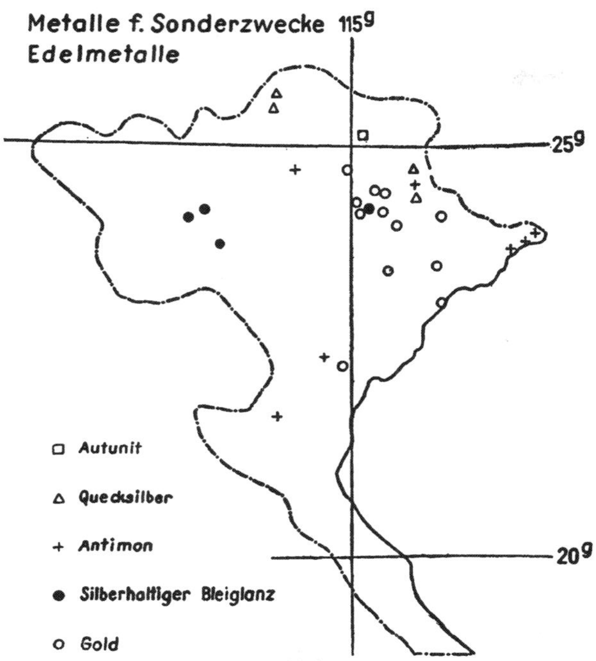

Abb. 3e

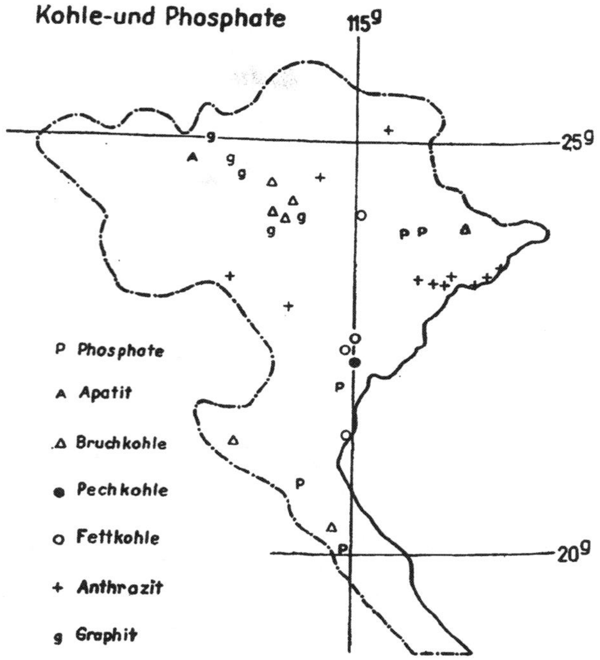

Abb. 3f

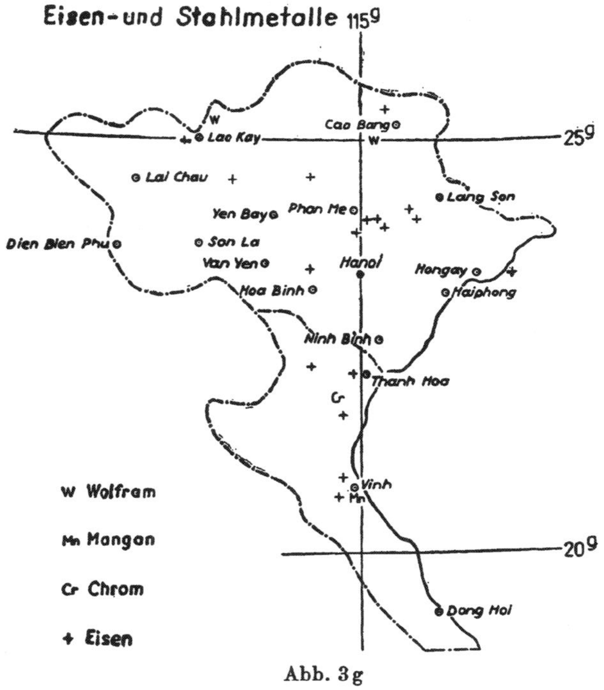

Abb. 3g

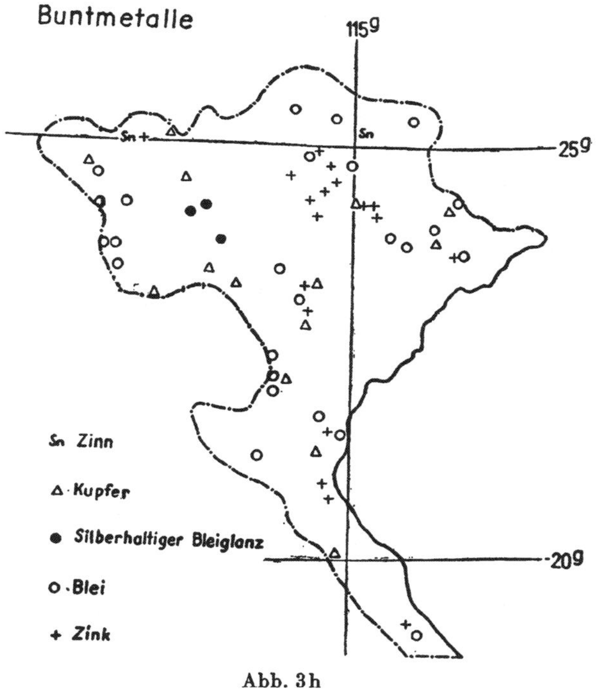

Abb. 3h

Abb. 3e—h. Verteilung der Bodenschätze auf dem Territorium der Demokratischen Republik Vietnam (zusammengestellt nach den Veröff. des Service Géol. de l'Indochine)

drei Körnungen wurden vor dem Kriege nach Kanada (Steinkohle über 50 mm), nach Frankreich (Knabbeln, 30—50 mm und Nußkohle, 10—30 mm) sowie nach China (1938 = 26%) und Japan (43%) exportiert.

Der in allen Gruben reichlich anfallende Grus fand außer im Inland nur noch in Japan Absatz. Zu Beginn der 30er Jahre hat man nämlich begonnen, den Grus in einer Mischung mit japanischer Fettkohle (35—37% flüchtige Bestandteile) zu Briketts und Koks zu verarbeiten. Die Pressen stehen in Hongay und Campha-Port, die kleine Kokerei wird in Hongay betrieben.

Die Mischungsverhältnisse waren:

	Briketts	Koks
Gruskohle	72,5%	60%
Japanische Fettkohle	20%	40%
Japanischer Teer	7,5%	

Von der maximalen Förderung in Höhe von 2344000 Tonnen im Jahre 1938 hat Französisch-Indochina etwa 400000 Tonnen, das sind etwa 17%, selbst verbraucht. An Koks und Briketts wurden in diesem Jahre 3500 und 126110 Tonnen produziert.

Im Nordwestteil des Beckens von Phan Mè wird auch Fettkohle mit 25—27% fl. B. abgebaut, deren trockene

Tabelle 2. Die Kohlenlagerstätten in der Demokratischen Republik Vietnam

	Flüchtige Bestand-teile in %	Aschegehalt in %	Grus (< 10 mm)-Fraktion in %	Flözanzahl	Mächtigkeit der Flöze in Metern	Streichen	Einfallen	Max. Produktion	im Jahre	S = Tiefbau T = Tagebau	Bemerkung
STEINKOHLE (Obertrias)											
I. Becken von Quang-Yen											
A. Nord: Bergkette von Dong-Trieu: Uong Bi	3–5			4	1,2–8	E–W	30–40 ° N	562605	1939		
B. Süd: Bergkette von Mao Khe Kebao	5,8–7	4,8–25	65–70	etwa 20	1,2–7,2	NE; gefaltet, Schuppen		86200	1933	S	
Hongay-Süd: 1. Etage: Hatou	x8–10,5	3–10	60	4 oder 5	bis 80	ENE	N–S/sekundär-Verfaltung	} 1611065	1939	S, T	Brikett- und Kokserzeugung
2. Etage: Nagotna				6–10	0,8–10						
Hongay-Nord: Mong Dzuong	5,5–8			8	2,5–11			200000	1928	S	
Cai Dai	9–10			2	4–6			} 64000	1939	S	
Dong Dang	10		85	12	0,4–4						
Mao Khe	4–5	hoch	65	13	bis 8	E-W-Antiklinale	45° N, 65° N	148441		S	
II. Becken von Phan Mè											
A. Nordwestteil (Fettkohle)	x25–27	16–18		etwa –10		NE	60–70° SE	} 48000	1930	S, T	Harter und klingender Koks
B. Südostteil (Magerkohle)	x12–15	S: 2		5	total 28	NW	70° NE				2 Schächte von
III. Becken von Phu-Nho-Quan und Ninh-Binh	x18–21	S: 4–7		3	1,2–2,4		70° W	22000	1922	S	120 u. 80 m Tiefe
						maximale Kapazität		2742311			
BRAUNKOHLE (Tertiär, Quartär)											
Port Courbet	40–55	12		1	0,8		22° NE			S	
Cao Bang	30–35	10–15		4	dünn	NW.		1000			
Tuyen Quang	40–43			2	2 und 4	max. 72 m tief		26000	1929	S	4 Schächte
Dong Giao	x50			1	9–12	E–W	60° N	4000	1930	S	
Dai Dzuong	x30–36			1	1					S	
Cua Rao						sehr geneigt					
Than-luyen				einige	max. 2	horizontal					
						maximale Kapazität		31000			

S = Schwefelgehalt in Prozenten x = ohne Aschengehalt gerechnet

Tabelle 3. Bergwirtschaftliche Bilanz (nach FRIEDENSBURG 1956, LAVROV 1941 u. a.)

		Maximale Förderung in Tonnen	im Jahre	Anteil an der Weltförderg. in %	Förderung von 1905 bis 1956 in Tonnen	Mögliche Reserven in Tonnen**)		Literatur-angaben	Zahl der Beschäftigten	im Jahre
KOHLE	Steinkohle	2344000	1938	0,2	70000000	Becken von Quang-Yen u. Phan Mè	1278000000	C	40580	1937
						Steinkohle insgesamt	10000000000	F		
	Braunkohle	30000	1929		etwa 100000	,, ,,	20000000000	L		
EISEN- UND STAHLMETALLE	Eisenerz	134000	1939		560000	Insel Kebao	1000000	F	} 1000	1936
	Manganerz	8000	1944		25000	Hinterland von Land Son	25000000	L		
	Chromerz	6500	1943		17750	Co Dinh	1–4000000	(Konzentrat)	600	1956
	Wolframerz	460	1937	1,0	etwa 5000	Alluvione bei Tinh Tuc	4300	L	} 3700	1936
BUNTMETALLE	Zinnerz	600	1939	0,4	etwa 17000	Alluvione bei Tinh Tuc	192200	L		
	Zinkerz	60000	1926	1,2	870000		nicht beträchtlich	L	2800	1930
	Kupfererz	600	1910–14						400 Hütte in Quang-Yen	
	Bleierz	140	1931							
LEICHTMETALLE	Bauxit	12800	1942							
METALLE FÜR SONDERZWECKE	Antimonerz	187	1938	0,3		Hinterland von Cao Bang	250000	L		
EDELMETALLE	Gold	122*)	1937						etwa 1000	1956
	Silber	174*)	1936						mit Personal d. Mahlanlagen	
INDUSTRIEMINERALE, STEINE UND ERDEN	Apatit	100000	1942		200000		50000000	L	3000	1956
	Phosphorit	40000	1941	etwa 0,3	400000		100000			
	Graphit	90	1930					C	im Werk Haiphong	
	Talk	630	1936					F		
	Zement	300000	1956					L		

*) Kilogramm

**) Die Angaben sind verständlicherweise unvollständig und beschränken sich mit Ausnahme von Kohle, Apatit und Phosphorit nur auf begrenzte Lagerstättenfelder, nicht auf das ganze Land.

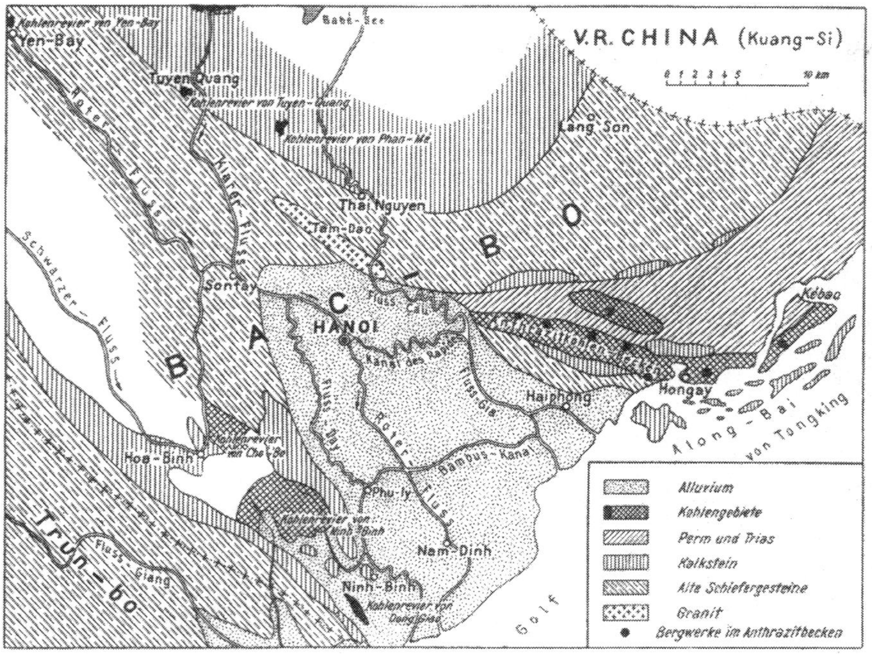

Abb. 4. Karte der Kohlenvorkommen im unteren Bac-bo. Die Vorlage aus CHARRIN (1928) ist nur wenig vereinfacht, die Bezeichnungen sind ins Deutsche übertragen

Destillation einen harten und klingenden Koks ergibt. Die Förderung betrug 1938 38000 Tonnen.

Das dritte Becken von Phu No Quan und Ninh Binh ist noch wenig erschlossen. Das liegt an der ungünstigen Verkehrslage, an der geringen Mächtigkeit der Flöze und an der komplizierten Tektonik der Lagerstätte. Die Flöze sind auseinandergerissen und von Brüchen in verschiedenen Richtungen durchsetzt. Die Förderung durch zwei Schächte kam während der Wirtschaftskrise 1931 zum Erliegen.

Braunkohle

Verschiedene Flöze in der Mächtigkeit von Metern sind kleineren limnischen Senken von miopliozänem Alter eingelagert. Die Schichten sind oft noch durch tertiäre (himalayische) Faltungen verstellt. Die Förderung erfolgte an allen Orten im Tiefbau und erreichte etwa 30000 Tonnen pro Jahr.

B. Erdöl

In der Literatur werden bei Yen Bay schlechte Imprägnationen einer geringmächtigen Kalkbank innerhalb paläozoischer Schiefer erwähnt. Tertiäre bituminöse Schiefer kommen bei Loc Binh, südöstlich von Lang Son vor. Lesesteine eines stark bituminösen Quarzites sind mir beim Dorfe He am Song Lo, nordwestlich von Tuyen Quang aufgefallen. Bei der weiteren Durchforschung der Dschungelgebiete sollte man auf bituminöse Gesteine besonders achten.

C. Eisen- und Stahlmetalle

Eisen

Eisenlagerstätten sind sedimentär oder durch die lateritische Verwitterung entstanden. Zum Teil handelt es sich um alte Landoberflächen.

Auf dem rechten Ufer des Roten Flusses zwischen Lao Kay und Yen Bay streicht ein hämatit- und magnetithaltiger Quarzit aus (nachalgonkische Sedimentation). Ein Abbau ging bei Lang Phat um.

In der Provinz Thai-Nguyen kann man einen Horizont unbestimmten, aber vermutlich variszischen Alters 20 km lang in ostsüdöstlicher Richtung verfolgen. An dieser sogenannten Eisenlinie (ligne de fer) liegen die Gruben bei Lang Hit mit Massen von Hämatit und Magnetit (50—60% Fe), bei Xy-phu, Cu-van und Mo-na-luong.

Weiter werden folgende Vorkommen erwähnt:

Ma Xat, nördlich vom Pia Quac; Kao Ka, westlich von Cao Bang; Phuc-ninh, nördlich von Drang-Da; Chau-ha, in der Nähe von Dong-Trieu; Va-vinh bei Yen-Bay; Binh-duong mit 50% Fe; Do-len mit 55% Fe, südlich von Thanh Hoa.

Auf der Insel Kebao soll bei Hayat eine Reserve von 1 Million Tonnen Erz mit 50—55% Fe liegen (FRIEDENSBURG 1956).

Die Förderung betrug in den Jahren 1920—1929 nur 141 Tonnen im Jahresdurchschnitt und ist erst seit 1939 auf 67543 Tonnen angestiegen, weil das eisenarme Japan für seine Kriegsindustrie dringenden Bedarf hatte.

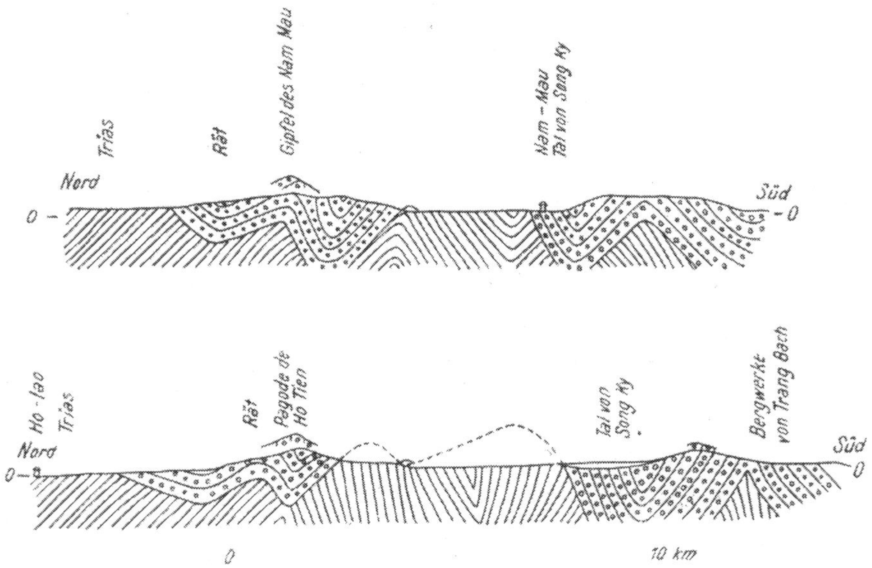

Abb. 5. Verfaltung der flözführenden Rätschichten. Die zwei nicht überhöhten Nord-Süd-Profile quer durch die Bergkette von Dong-Trieu hat E. PATTE entworfen. (aus Ressources min., Bd. 1, ins Deutsche übersetzt)

Abb. 6. Blick auf den südlichen Anthrazittagebau Campha. Der Berg links sowie die Höhe des Aufnahmeortes bestehen aus den hellen Konglomeraten im Hangenden der Flözfolge, die auf Grund einer sekundären Verfaltung Nord-Süd streichen und nach Osten (zum Blickpunkt) einfallen

1919–1921 brannte ein kleiner Hochofen in Haiphong. Die guten Erze wurden nach Japan exportiert, die schlechten im Lande verarbeitet.

Mangan

Sehr ausgedehnte manganhaltige Eisenerzvorkommen von postvariszischer Entstehungszeit liegen bei Vinh und Yen Cu (40% Mn, 50% Fe) im nördlichen Trun-bo. Ziemlich wichtige Vorkommen von Psilomelan sind bei Trung Phanh Phu, Provinz Cao Bang, bekannt. Im Hinterland von Lang Son gibt LAVROV eine Reserve von 25 Millionen Tonnen an. Manganerze kommen auch bei Port Courbet (lateritischen Ursprungs), Haiphong und Thai Nguyen vor.

Chrom

Südwestlich der Provinzstadt Thanh Hoa bei Co Dinh finden sich in dem 17 Kilometer langen Höhenzug Nai-na-son (mittlere Höhe 450 Meter) serpentinisierte Enstatit-Peridotit — Absaigerungen von Chromit und Magnetit. Die basischen Tiefengesteine erstrecken sich noch 250 Kilometer nach Nordwesten. Das Aufdringen des Magmas wird in die altkimmerische Orogenese gestellt.

In den Gesteinen an der Oberfläche des Bergzuges hat man bisher nur kleine Adern und Sprenkelerz gefunden. Um Erkundungsbohrungen vorzunehmen, sind hier noch gravimetrische, petrographische und tektonische Untersuchungen erforderlich.

Die Natur hat die Zertrümmerung des Olivinnorites und die Auswaschung der Schwermineralien durch Verwitterung und Seifenbildung am Fuße des Massivs übernommen. Besonders auf der Nordseite baut man die alluvialen Anreicherungen ab, von denen gewisse Lagen 1–3% Konzentrat enthalten. 1 Kubikmeter Erde enthält zwischen 19 und 100 Kilogramm.

Der Betrieb der 1928/29 errichteten Waschanlage (1000 Tonnen Durchsatz/Tag) kam in der Weltwirtschaftskrise 1931 zum Erliegen. Die Japaner waren an der Gewinnung interessiert. Sie erwarben die Anlagen und die Bergbaurechte. Die Aufbereitungsanlage ist zerstört worden.

Zur Zeit meines Besuches wusch man das Konzentrat im Handbetrieb aus. Je 2 Personen arbeiten an einem langgestreckten Holzbottich, der $^3/_4$ m³ Durchsatz faßt (Abb. 7). Da der größte Teil der Arbeiter im Gedinge steht, geht ein gewisser Raubbau um. Man sticht unter dem Rasen nur eine Schicht von etwa 20 Zentimeter Mächtigkeit ab, die nicht tonig ist und sich leicht zerrühren läßt. Der Bottich wird während des Waschvorganges zur Hälfte nachgefüllt und in einer Schicht so dreimal geleert. Die 2 Personen gewinnen 60–120 Kilogramm. Mit dieser Handwäscherei ist eine Förderung von 1300 Tonnen im Jahr möglich. Das Konzentrat enthält nach Abdampfung von 13% Feuchtigkeit etwa 50% Cr_2O_3 sowie Magnetit, Rutil und weingelben Enstatit.

Wolfram und Molybdän

Diese Stahlmetalle werden auf Grund ihrer Paragenese bei den Zinnlagerstätten besprochen.

Nickel

Die gelbbraune Färbung von Chalcedongängen im Chromitmassiv von Co Dinh soll durch Nickel zustande gekommen sein. Es ist möglich, daß der 250 km lange Zug mit basischen Gesteinen noch weitere Anzeichen von Nickelanreicherungen aufweist.

D. Buntmetalle

Zinn, sowie die Stahlmetalle Wolfram und Molybdän

Frankreich war sehr an der Ausbeutung von Zinn interessiert. Zu „Nordvietnam" gehört das Revier am Pia Quac (1931 Meter hoch) in der Provinz Cao Bang an der chinesischen Grenze, dessen Förderung an Zinn 36% (64% stammten aus Jakhin-bum in Laos) und an Wolfram 80% derjenigen Französisch-Indochinas betrug. Während die eigentlichen Zinngranite Hinterindiens (50% der Weltförderung) wohl in die kimmerische Orogenese gehören, wird die Intrusion des Erzbringers, eines Zweiglimmer-Monzonitgranites, hier ins Oberkarbon gestellt.

Die Internationale Zinn-Kontrolle hat für das ehemalige Französisch-Indochina eine Förderung von 3000 Tonnen Zinnerz im Jahr gestattet (Zeitraum 1. 1. 1937 bis 31. 12. 1941), die jedoch nicht erreicht wurden. „Nordvietnam" dürfte demnach 1080 Tonnen Zinnerz im Jahr fördern.

Das indochinesische Zinn wurde in Singapur verhüttet. Dies war für die Produzenten vorteilhafter. Zwei kleine Hütten in Cao Bang und Taso sind eingegangen. Dagegen bestanden seit 1933 in Haiphong zwei Raffinerien, welche 2000—3000 Tonnen Zinnmetall jährlich aus den Gruben von Ko-Kin (Yünnan) verarbeiteten, wobei etwa 10 Kilogramm Gold erzielt wurden. Das gesamte Zinn aus dieser chinesischen Provinz (etwa 10000 Tonnen Metall im Jahr) wurde auf der 1918 eröffneten Eisenbahnstrecke Kunming-Haiphong ausgeführt.

Es kommen drei Arten von Lagerstätten vor: 1. Gänge, 2. Eluvionen und 3. Alluvionen (Abb. 8).

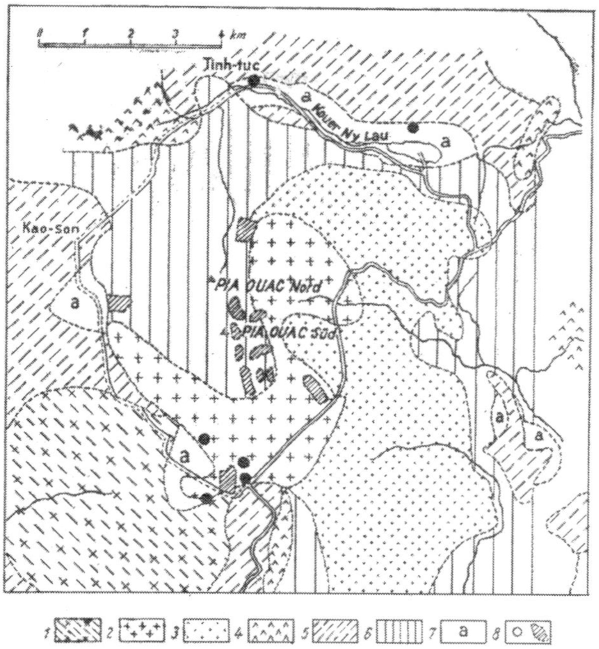

Abb. 8. NNW-gerichtete Quarzgänge im Zweiglimmer-Monzonitgranit bestimmen die Zinn-Wolframit-Lagerstätten am Pia Quac. Abgebaut werden eluvionale und alluvionale Anreicherungen, deren größte bei Tinh Tuc liegt (aus Ressources min., Bd. 2)

1 — Gneis, 2 — Granit, 3 — Rhyolit, 4 — basisches Gestein, 5 — Devon 6 — Schiefer vom Song Hiem, 7 — Alluvium, 8 — Volle Kreise = Abbauorte, eng schraffiert = Gänge

1. Der Granit und die benachbarten Song Hiem-Glimmerschiefer werden von Quarzgängen durchsetzt, die unterschiedlich mit Wolfram und Zinnstein vererzt sind. Der größte Gang war 1934 in einer Mächtigkeit von 0,3 bis 1 Meter, auf eine Länge von 800 Metern und eine Tiefe von 150 Metern bekannt. Gelegentlich hat sich der Zinnstein am Rande, der Wolframit mit einigen Sulfiden, wie Pyrit, Molybdänglanz, Bleiglanz, Zinkblende und mit Arsenkies in der Mitte des Ganges angereichert. Selten kommen auch Magnetkies und Scheelit vor. Bei pneumatolytischer Zersetzung des Granites kommt es vor, daß der Zinnstein auch noch etwa 20 Zentimeter außerhalb der Gänge liegt. Die Gänge stellten die eigentlichen Wolframitlagerstätten dar, da dieser auf dem Transport in die Alluvionen mehr und mehr zerstört wird. Die prozentuale Anreicherung des schwer zerstörbaren Zinnsteines in den Alluvionen ist aus der nachfolgenden Übersicht klar erkennbar.

2. Als Eluvionen werden die noch nicht zu Tal transportierten Verwitterungsmassen auf den Gesteinen bezeichnet. In ihnen beginnt je nach Transportweite die Zerstörung des Wolframits.

Abb. 7. In der Chromitseife Co Dinh hat sich nach der Zerstörung der Aufbereitung beim Abzuge der Japaner dieser Handwaschbetrieb entwickelt

3. In den Alluvionen geht der größte Abbau bei Tih-Tuc um. Mit sowjetischer Hilfe ist hier nach 1954 eine neue Aufbereitungsanlage entstanden.

Die Gehalte an Mineralien in Kilogramm pro Tonne Wirtsgestein und der prozentuale Wolframit-Zinnsteingehalt der drei Lagerstättentypen gehen aus der folgenden Übersicht hervor:

Mineral	Gänge		Eluvionen		Alluvionen	
	kg je Tonne Wirtsgestein	Verhältnis der Erze		Verhältnis der Erze	kg je Tonne Wirtsgestein	Verhältnis der Erze
Zinnstein . . .	5 – 6,6	33		40 – 60	1,875	98
Wolframit . . .	10 – 13,4	67		60 – 40	0,040	2
Titaneisen . . .	und nicht in den Gängen vorkommende Eisenoxyde				3,820	
Gold					0,000016	

Die Ausbeute an Molybdänglanz gestattete eine kleine Ausfuhr nach Belgien-Luxemburg und Frankreich.

Zink und Blei

Nördlich von Tuyen Quang häufen sich die Ausbisse von Zinkmineralen, vor allem von Kieselzinkerz mit 40–50% Zn. Es sind hier Kalke von vermutlich vorkarbonischem Alter vererzt, die auf schwach epizonalen Schiefern auflagern. Im Gegensatz zu BLONDEL, der die Bruchbildung und Mineralisierung später als Obertrias — nach der letzten großen Verfaltung — ansetzt, stellt FROMAGET sie in Beziehung zur kaledonischen Orogenese.

Die größten Vorkommen liegen in einer Zone von 60 km Durchmesser mit den Orten Cho Dien (40000 Jahrestonnen), Drang Da bei Tuyen Quang, Long Hit (Zinkblende, Bleiglanz), bei Thai-Nguyen und bei Cho-Don, Yen-linh, sowie 30 km südwestlich von Lang-Son, hier jedoch mit beschränktem praktischem Nutzen.

Man unterscheidet bei Cho Dien drei Arten der Lagerstättenausbildung (Abb. 9).

1. Scharfbegrenzte Gänge, die fast vertikal einfallen. Sie sind sicher nach den orogenen Bewegungen aufgerissen, da sie nicht irgendwie versetzt sind. Sie sitzen auf NNE-gerichteten Brüchen, die senkrecht zur generellen Bruchrichtung (Roter Fluß) stehen. Es überwiegen hier oft die Oxydationserze wie Zinkspat (Galmei) über Kieselzinkerz.
2. Füllungen von Grotten und Löchern, die in gewissen Verbindungen mit den Gängen stehen.
3. Im Kontakt Schiefer/Kalk sind Anreicherungen bekannt, die auch im allgemeinen mit den Gängen zusammenhängen und die bei der Gewinnung mengenmäßig eine Rolle spielen. Sie sind mit Roterden durchsetzt und wie diese ein Produkt der Verwitterung.

In Cho Dien liegen die Abbauorte im Niveau der 850 Meter-Höhenlinie, Waschanlagen und Trockenöfen im Niveau der 450 Meter-Höhenlinie.

Die Erze wurden in Quang-Yen, nördlich von Haiphong, verhüttet. Diese Anlage stand seit 1924 in Betrieb. Mit einer Belegschaft von 400 Mann könnte sie 12000 Tonnen Erz im Jahr verhütten und daraus 4700 Tonnen Zinkmetall und 9 Tonnen Bleimetall gewinnen. Von der Hütte steht heute nur noch das Mauerwerk.

Kupfer

Quarzgänge in triassischen „Grüngesteinen" (Porphyrite und Andesite) führen bei Van-sai im äußersten Nordwesten des Landes Bornit, Kupferglanz und gediegenes Kupfer. Schürfungen in den Jahren 1910–1914 haben 3000 Tonnen Erz ergeben. Da die Vorkommen jedoch sehr abgelegen sind, steht der Bergbau offen.

„Cuivre gris" (vermutlich handelt es sich um eine graue Verwitterungserscheinung) wird bei An Chau, im nordöstlichen Bac-bo, erwähnt. Kupferkies kommt in den Zinnsteingängen am Pia Quac vor. Weitere Vorkommen liegen bei Ngoi Hut, in der Umgebung von Yen Bay, bei Van Yen, Son Tay und Moncay.

Blei

Bleierze kommen in der Paragenese Zink-Blei-Silber vor. Trotz der zahlreichen Fundorte wird in der Literatur darauf hingewiesen, daß der Bleigehalt der Vorkommen wohl schon vor Beginn der französischen Prospektionen von den Bergvölkern und von den Chinesen ausgebeutet worden ist. Da die Gewinnung aber noch keine Tiefe erreicht hat, besteht die Möglichkeit, daß dort noch Reserven vorhanden sind. Von den vielen Ortsangaben werden Yen Bay, Nghia Lo und Phu To öfter erwähnt.

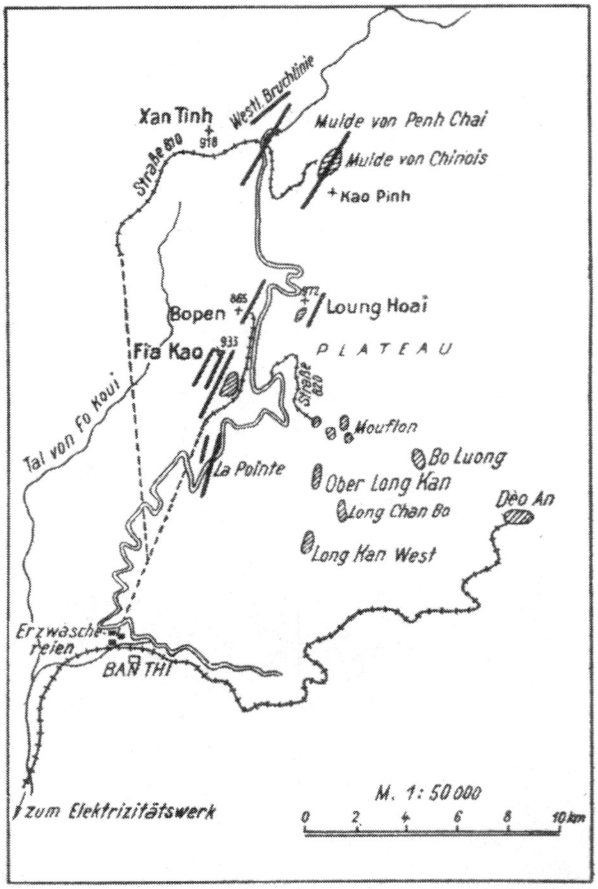

Abb. 9. NNE-gerichtete Spaltenfüllungen (schwarze dicke Striche) in paläozoischen Kalken bestimmen das Zinkrevier von Cho Dien. Mit ihnen sind Anhäufungen von Zinkerzen in Grotten, Karstlöchern und an der Grenze vom Kalk zum unterlagernden schwach epizonalen Schiefer verknüpft = Schrägschraffur (Vorlage aus Ressources min. Bd. 3, vereinfacht und hat deutsche Beschriftung

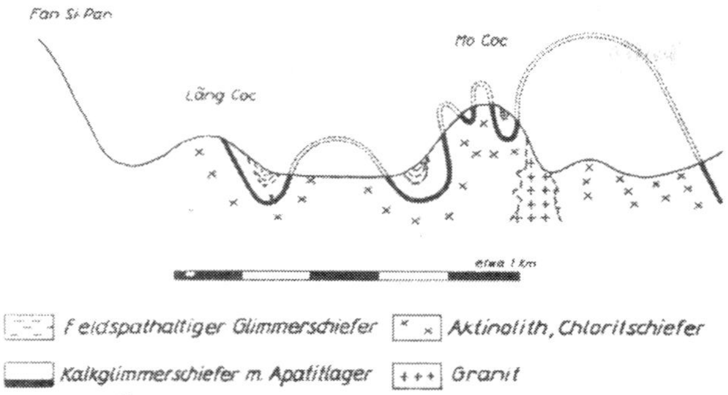

Abb. 10. Überhöhtes Profil durch die Apatitlagerstätte bei Mo Coc in der Landgemeinde Cam Duong, 12 Kilometer südsüdöstlich von Lao Kay. Das Profil ist schematisiert, der diskordante Granit ist sicher zu mächtig dargestellt. Ich verdanke die Unterlagen der freundlichen Führung durch einen vietnamesischen Geologen. Sie beruhen auf der Erkundung eines sowjetischen Kollektivs

E. Leichtmetalle

Bauxit

1937 ging man daran, Bauxite bei Dong Dang zu untersuchen. Sie enthielten 45—50% Al und etwa 10% SiO_2. 40% Al hatten Bauxite bei Dai Phat in der Provinz Haiduong. Die Förderung kam 1936 mit 30 Tonnen in Gang und wurde durch den Abnehmer Japan angeregt.

F. Metalle für Sonderzwecke

Antimon

Antimonglanz kommt in Quarzgängen in der Umgebung von Moncay und Hongay sowie bei That Khè vor.

Goldhaltiger Antimonglanz ist bekannt bei Tasoi, 80 km südwestlich von Thanh Hoa, wo früher insgesamt 1000 Tonnen eingesammelt worden sind.

1916 bestand in Haiphong ein kleines Schmelzwerk, das 2 Tonnen Metall am Tage erzeugte.

Quecksilber

Zinnobergänge streichen in paläozoischen Kalkmassiven am rechten Ufer des Klaren Flusses bei Hagiang aus. Schürfungen haben allerdings keine nennenswerte Ausbeute erbracht.

Radioaktive Minerale

Am Pia Quac ist am Rande von Quarzgängen mit der Wolfram-Zinn-Vererzung Autunit, ein Kalkuranglimmer, festgestellt worden, der noch 12—15 cm in den Granit eingedrungen ist.

Nach 1954 sind hier strahlungsenergetische Messungen gemacht worden, die anscheinend keine größeren Reserven ergeben haben.

G. Edelmetalle

Gold

Altes Kristallin wird bei Pac Lan, 20 km östlich von Ngan Son von zahlreichen variszischen Quarzgängen mit goldhaltigem Pyrit durchsetzt. Der Goldgehalt im Pyrit ist veränderlich, doch werden etwa 19 Gramm Gold pro Tonne Gestein im Durchschnitt gewonnen. Außer den Gängen werden die altalluvionalen Terrassen bei Pac Lan sowie die jungen Alluvionen bei Bao Lac am Song Nang oberhalb von Cho Ra abgebaut. Hier wurde 1928 ein Schwimmbagger (1500 m^3/24 Stunden) eingesetzt, der jedoch zu klein für das Vorkommen war und durch die Gerölle beschädigt wurde. Als Antriebskraft diente elektrischer Strom, dessen Generatoren durch einen 20 Kilometer stromauf gelegenen Wasserstau betrieben wurden. Die Alluvionen enthalten etwa 0,65 Gramm/Kubikmeter. Auch bei Lang Son und Mo Son, 50 km südwestlich von Hanoi, und aus den Terrassen des Klaren Flusses hat man Gold gewaschen. Südlich 17° nördl. Br. liegt bei Bong-Mieu ein bekanntes Vorkommen (etwa 250 Kilogramm/Jahr), das früher durch den Königshof in Hue ausgebeutet wurde.

Aus der Reinigung von Zinnbarren sind vor 1935 im Jahr 10 Kilogramm Gold angefallen.

Der Anfall an Pyrit betrug 1950 38 Tonnen.

Die verhältnismäßig geringe Goldgewinnung führt man darauf zurück, daß das Wirtsgestein, also das alte Kristallin, noch zu wenig durch Erosion angeschnitten ist.

Silber

Bei Tu Lè, östlich von Trai-Hatt, geht der Abbau auf einen 0,1—1,25 Meter mächtigen Gang mit silberhaltigem Bleiglanz der altalgonkischen Orogenese um, der 65% Pb und 4—6 Kilogramm Ag in der Tonne Bleiglanz enthält.

Bei Ngan Son enthält eine Tonne Bleiglanz 10 Kilogramm Ag und eine 1 Tonne Zinkblende 3 Kilogramm Ag. Die Vererzung wird in die variszische Epoche gestellt.

H. Industrieminerale, Steine und Erden

Apatit

In der Nähe der Bahnlinie Haiphong-Hanoi-Lao Kay-Kunming (China) liegen die parametamorphen Apatitlagerstätten von Lao Kay. In einer vermutlich kambro-ordovizischen Folge ist ein Kalkhorizont phosphoritisiert und später — vermutlich in der kaledonischen Orogenese — in kristallinen Apatit umgewandelt worden. Die Schichtenfolge beginnt mit dunkelgrünen Aktinolithen und Chloritschiefern. Darüber liegen Kalkglimmerschiefer mit dem 9—12 Meter mächtigen Apatithorizont und mit Dolomiten, darüber folgen feldspathaltige Glimmerschiefer. Die Serie wird diskordant von einem kleinen Granit durchsetzt (Abb. 10).

FROMAGET (1941b) erklärte die Häufung der Ausbisse mit dem einseitigen Einfallen der Schichtung nach Nordosten durch Verschuppung. Inzwischen ist die Lagerstätte durch Schürfe und Bohrungen weiter erkundet worden. Man hat eine isoklinale Verfaltung mit einer Vergenz nach Südwesten auf das Kristallinmassiv von Fan Si Pan hin feststellen können.

Die erste Förderung begann im Februar 1940. Sie ist danach durch japanische Kapitalbeteiligung vergrößert worden. Nach 1954 hat eine weitgehende Erschließung eingesetzt (Straßenbau, Betriebseisenbahn, Kraftwerk). Das Apatitlager wird im Tagebau von verschiedenen Etagen aus abgebaut.

Man denkt daran, die schwerzitratlöslichen Apatite durch ein Glühverfahren (Steinkohle und Quarzsand) zu veredeln, da im Lande keine größeren Reserven an Pyrit für die Schwefelsäureerzeugung und somit für das Superphosphatverfahren bekannt sind. Nach früheren Versuchen waren Superphosphate auf Grund der hohen Säurehaltigkeit des Deltabodens nur nach einer Ammonisierung mit Ammoniumsulfat zu verwenden.

Die Apatite werden in den drei Qualitäten 37%, 28—36% und 18—27% P_2O_5 gewonnen.

In Tab. 3 sind die Vorratsangaben von LAVROV übernommen, der für die beste Qualität 10 Millionen Tonnen angibt. Vermutlich beruhen die 100 Millionen Tonnen für diese Kategorie bei FRIEDENSBURG (1956) auf einem Druckfehler.

Phosphorit

Es handelt sich hier um unregelmäßige Metasomatosen in Karstgebieten, die von auflagernden Erden in Grotten, Spalten und Kavernen ausgehen. Eine solche Phosphoritisierung findet sich an vielen Stellen in den Kalkmassiven, die zum Karbon, Permokarbon und zur Trias gehören. Sie ist sicher unabhängig vom geologischen Alter der Kalke erfolgt. Die Wanderungen der Phosphorsäure halten bis ins Alluvium an, was durch Phosphatschmitzen in Tonen am Fuße der Kalkmassive angezeigt wird. Die Bedeutung dieser unregelmäßigen Bildungen ist nie hoch bewertet worden.

Phosphaterden und die eigentlichen im Steinbruchbetrieb gewonnenen Phosphoritblöcke werden nach ihrer Trocknung in den Mahltrommeln so gemischt, daß das fertige hellrötlichbraune Pulver 18–20% P_2O_5 enthält. Etwa die Hälfte dieses Gehaltes ist zitratlöslich. Die Phosphatmühlen von Haiphong (40000 Jahrestonnen) (Abb. 11) und Vinh (7700 jato) werden aus dem Hinterland versorgt, während die Anlagen von Nam Phat bei Thanh Hoa (6600 jato) und Long Hit (1600 jato) in unmittelbarer Nähe von Lagerstätten aufgebaut sind.

Ein Beitrag des Autors zur Kenntnis dieser Lagerstätten ist in der Zeitschrift „Geologie", Jg. 7, H. 3–6, Seite 702–719, Berlin 1958, erschienen.

Graphit

Bei Nam-Si in den kristallinen Serien am Roten Fluß streichen vertikal gestellte 15–45 Meter mächtige Graphitquarzite aus, in welche der Graphit in Blättchenform eingestreut ist. 1924–1927 ist ein Abbau erfolgt, der bis auf 3 km von Süden an Lao Kay heranreichte. Auch im Massiv von Fan Si Pan und am Oberlauf des Song Chay, weiter bei Quang Ngai, treten graphitführende Gesteine auf.

Talk

Linsenförmige Lager von Speckstein (Steatit) kommen in den alten Kalken der Region Phu To, im Tal des Roten Flusses und bei Nao Binh am Schwarzen Fluß vor. 530 Tonnen sind 1944 gewonnen worden.

Kalk

Die permokarbonischen Kalke bei Trang Kenh, 25 km nördlich von Haiphong, bilden den Rohstoff für eine Zementfabrik in Haiphong. Das Werk wurde 1899 gebaut und hat 1939 fünf neue Drehrohröfen von 106 Metern Länge erhalten. Mit seiner Kapazität von 300000 Tonnen im Jahr und 3000 Beschäftigten bildet es die größte Veredelungsanlage im Lande. In den 30 Jahren von 1909–1938 kamen 3490000 Tonnen Zement zum Verkauf, davon 1932000 Tonnen (54%) in Indochina.

Aus 70% Kalk, 22% Ton, 4% Eisenerz und 4% Gips wird im Naßverfahren gewöhnlicher Portlandzement gebrannt. Der Ton stammt aus den Alluvionen des Cua-Cam, einem der Arme des Roten Flusses. Der Gips wurde früher aus Europa oder Amerika eingeführt. Heute bezieht man ihn aus China.

Feuerfeste Erden und Flinttone

Diese gesuchten Rohstoffe, z. B. für die Verschalung der Öfen in den Buntmetallhütten, kommen in der Nachbarschaft der Steinkohlenlager vor. Im Becken von Quang-Yen kennt man feuerfeste Erden bei Ho-Lao, Port Wallut und Do-len.

Bei Gieng Day, in der Nähe von Hongay, werden aus Tonen Dachziegel gebrannt. Unter den Tonen liegen graue Feinstsande mit Tongehalt (Flinttone), die für Silikatsteine geeignet sind.

Kaolin und Kaolintone

Südlich von Mao Khe kommt unter permokarbonischen Kalken ein Sattel silurisch-devonischer Quarzite und Konglomerate heraus. Der Feldspatgehalt ist in Kaolin umgewandelt. Da der Kaolin zuoberst von den roten Eisenoxydschnüren der Lateritverwitterung durchzogen wird und dies hier seinen Wert mindert, erhebt sich die Frage, ob diese beiden eigentlich entgegengesetzten Bildungen (Erhaltung und Fortführung der Kieselsäure) im heutigen wechselfeuchten Klima Vietnams entstanden sind, oder ob sie verschiedene Klimaperioden belegen.

Eine kleine Schlämmanlage mit 8 Setzkästen bei Bich Nhoi liefert den Rohstoff für keramische Werkstätten in Hanoi.

Kaolintone werden in der Nähe dieser Gebirgskette in den Alluvionen bei Truc Thon in geringem Maße gewonnen.

Verschiedenes

In kleinen Mengen wurde Baryt bei Quang-Yen (max. 260 jato Roterde (4 jato), Karbonaterden (84 jato) und Asbest bei Son-Tay (300 jato) gewonnen.

Geschichte der bergbaulichen Erschließung

Die Erforschung Indochinas versprach zunächst die Entdeckung größerer Zinn- und Goldreserven, die man in den nur wenig besiedelten Gebirgsregionen vermutete. Doch 1911 schreibt DE LAUNAY von einer vielleicht etwas übertriebenen Entmutigung nach den anfänglichen Zinn- und Goldillusionen. Dann begeisterte man sich für Kohle- und Antimongewinnung und Phantasten (so schreibt DE LAUNAY) wollten eine Eisenindustrie aufbauen. Am Ende dieser ersten Bergbauperiode hatte lediglich die Kohlengrube von Hongay mit Gewinn gearbeitet.

Trotz dieser pessimistischen Anfangszeit entwickelte sich die Erschließung von Bodenschätzen weiter. BLONDEL (1931) kann seine Zuversicht mit ständig steigenden Förderzahlen begründen. Nach der Wirtschaftskrise Anfang der 30er Jahre erholte sich der Kohlen- und Wolfram-Zinn-Bergbau bald, während die Zinkförderung nicht mehr den hohen Stand der Jahre 1924–1929 erreichte. Unrentable Gruben wie die Chromitmine Co Dinh, die Phosphoritabbaue und die Anthrazitförderung im Becken von Phu-No-Quan kamen zum Erliegen. Neue Nachfrage im japanisch-chinesischen Krieg gab der Gewinnung von Kohle, Antimon, Eisen und Manganerzen sowie von Phosphoriten und Bauxiten wieder Aufschwung. Die Japaner brachten nach ihrem Einmarsch den Chromitabbau in Gang und erweiterten die Erschließung der Apatite.

Abb. 11. Blick auf das Hauptgebäude der Phosphatmühle von Haiphong. Im Vordergrund fällt der Stapel von Phosphatblöcken auf. Das sind die eigentlichen Phosphorite mit 14—36% P_2O_5. Rechts liegen braunschwarze Phosphaterden mit etwa 12% P_2O_5 und sehr geringer Zitratlöslichkeit

Während der ganzen Dauer des Viet-Minh-Widerstandskampfes standen den Franzosen die Kohlengruben im südlichen Quang-Yen-Becken zur Verfügung, deren Zufahrtswege stark befestigt waren.

Die Mineralvorkommen im Gebirge sind vermutlich für die in den Dschungel verlagerten vietnamesischen Waffenschmieden abgebaut worden. In zwei sehr kleinen Anlagen wurden Phosphorite vermahlen. Im allgemeinen kam wohl die Förderung in dieser Zeit zum Erliegen (ausgenommen Kohle: 1952—1954 etwa 800000 jato.

Nach dem Waffenstillstand sind im Kohlenbergbau moderne Transport-, Bohr- und Abräummaschinen eingesetzt worden. Doch erweist sich in den kleineren Gruben überall noch die Handarbeit als rentabel. Es bleibt abzuwarten, inwieweit in der Folgezeit mit der weiteren Industrialisierung Schritt für Schritt das Verhältnis von maschineller und körperlicher Tätigkeit geändert werden kann.

Ausblick

Die bergbauliche Erschließung durch französische Kapitalgesellschaften und Privatunternehmer hat bis auf den Abbau von Steinkohle, von Zink und Wolfram-Zinn keine größeren Ausmaße angenommen.

Gründe für das Zurückbleiben der Erschließung von Bodenschätzen erfahren wir durch den englischen Bergingenieur LAVROV.

1. Sie beruhen auf der Art und Weise des Schurfrechterwerbs in der Kolonialzeit. Damals war es jedem Franzosen gestattet, für das Äquivalent von 7 Dollars ein Mutungsrecht für 3 Jahre in einem Quadrat von 3 km Kantenlänge zu erwerben. Nach dieser Zeit wird für 100 Dollar eine Konzession verliehen. Die Jahresgebühr für diese 9 km² beträgt dann nur etwa 156 Dollar. Diese geringen Gebühren für die ersten 3 Jahre hatten zur Folge, daß nach Bekanntwerden von Mineralfundpunkten ein Käuferansturm auf das Minenbureau einsetzte. Die ,,Claims" wurden in die 100000er Karte eingetragen, ohne daß der Besitzer seinen Erwerb im Gelände abzustecken brauchte, den er vielmehr mit Gewinn an einen Nachbarn, der sich ausdehnen wollte, zu verkaufen hoffte. So ist es erklärlich, daß die ,,Claims" auch auf Gebieten vergeben wurden, die keine Vererzung und keine Lagerstätten aufweisen. Später hat man diese Bodenspekulationen durch eine Bestimmung eingeengt, wonach der Eigentümer verpflichtet war, pro Jahr eine gewisse Schurftätigkeit zu veranlassen.

2. Das Zurückbleiben der Erschließung beruht auch auf der für die Planung in der Volkswirtschaft interessanten Tatsache, daß die Franzosen den Bergbau allgemein als Risiko erkannt haben, das einen höheren Einsatz von Kapital erfordert als etwa in der Landwirtschaft.

3. LAVROV bedauert, daß ausländische Kapitalgesellschaften und Unternehmer an der Beteiligung im Bergbau in Indochina ausgeschlossen waren. Erst die Japaner erwarben während ihres Durchmarsches Rechte im Chromit- und Apatitabbau.

Eine deutsche Stimme (Metall u. Erz 1939) weist vor dem Kriege darauf hin, daß nicht wirtschaftliche, sondern strategische und politische Erwägungen dem französischen Kolonialreich in erster Linie das Gepräge verleihen. Dieser Autor hält Französisch-Indochina für ein potentielles Bergbaugebiet von großer Bedeutung.

Auch die französischen Geologen, die auf Grund ihrer langjährigen Forschungstätigkeit wohl mit die beste Kenntnis über die Bodenschätze des Landes erhalten haben, regen zu einer stärkeren Erschließungstätigkeit an (zuletzt FROMAGET (1941a). Das stärkt die Zuversicht für die künftige Entwicklung. Sie wächst noch, wenn man die fleißigen Anstrengungen zur Beseitigung der Kriegsschäden im Lande erlebt hat.

Es bleibt mir die Aufgabe, den Ausbau der Bergwirtschaft und der mit ihr verbundenen Industrie abzuschätzen.

Aus der Gegenüberstellung der Reserven mit der abgebauten Tonnage (Tab. 3) wird die Langlebigkeit und hohe Kapazität des Steinkohlenbergbaues gut ersichtlich. 1938 machte er 0,2% der Weltförderung aus. 1956 war man dabei, die günstig gelegenen Tagebaue zu erweitern. Auch lag es nahe, den Abbau von Fettkohle im Becken von Phan Mè zu steigern (siehe auch SOPKO 1958). Evtl. ist es möglich, die oft projektierte Eisenhüttenindustrie (Eisenerze von Kebao, Manganerze von Lang Son, Vinh) in Gang zu bringen, was 1911 noch für Phantasterei gehalten wurde. Der Betrieb eines kleinen Hochofens in Haiphong von 1919—1921 darf als erster Versuch in dieser Richtung gewertet werden. In der Literatur wird überdies auch der Plan erwogen, den Anthrazit ohne vorherige Verkokung in die Hochöfen zu geben.

Für die Zinngewinnung ist bereits eine neue Waschanlage in Tinh Tuc fertiggestellt. Der Wiederaufbau der Chromitwäsche bei Co Dinh würde hier ebenfalls die Förderung vergrößern.

Die Zinkreserven werden in der Literatur als „nicht beträchtlich" angesehen (Tab. 3). Ein eventueller Wiederaufbau der Zinkhütte in Quang-Yen ist deshalb reiflich zu überlegen.

Für die eigene Landwirtschaft ist der Plan einer Apatitveredelungsanlage sehr zu begrüßen, während die unrein zusammengesetzten Phosphorite durch die bestehenden Mühlen aufgebraucht werden können.

Von großer Bedeutung, einmal für die Ausbesserung der Kriegsschäden und für die Bauindustrie und zum anderen für den Export, ist die Zementindustrie. In der Kolonialzeit wurden 46% der Produktion exportiert. Diese Quote dürfte jetzt etwas höher liegen, da evtl. die Nachbarstaaten, besonders Südvietnam, als Abnehmer in Frage kommen. Eine Erweiterung des Werkes wird sich je nach der Nachfrage ergeben.

Diese guten Aspekte treffen sicher noch für weitere Erze und mineralische Stoffe zu. Doch fällt eine Beurteilung schwer, wenn man die Lagerstätten nicht gründlich kennt. Sie sind im allgemeinen noch wenig durchforscht. Das liegt daran, daß man bisher aus dem Überfluß schöpfen konnte.

Der Aufenthalt in Vietnam hat den Verfasser angeregt, aus vielen Quellen über Geologie und Lagerstätten im früheren Französisch-Indochina die Daten für den engeren Bereich der Demokratischen Republik Vietnam zusammenzustellen. Die Verstellungen der Erdkruste zwischen Sinia und Indosinia erklären die mannigfachen Mineralisierungen gerade in diesem Teil Hinterindiens. Für den Leser in Mitteleuropa sei aber betont, daß trotz dieser Bodenschätze die Landwirtschaft die Haupterwerbsquelle der Bevölkerung darstellt. Durch die Verbesserung der landwirtschaftlichen Produktion durch zwei Reisernten in den küstenfernen, noch ungenügend bewässerten Gebieten, durch Plantagenbau und Viehzucht wird die weitere Erschließung und Förderung von mineralischen Rohstoffen für den Export oder für eine eigene Industrie zur Hebung des Lebensstandartes der Menschen im dicht besiedelten Delta des Roten Flusses und im übrigen Lande gefördert werden.

Literatur

BLØNDEL, F.: Les phènomènes karstiques en Indochine française. — Bull. Serv. Gèol. l'Indochine 18, 4, Hanoi 1929.
BLONDEL, F.: Le développement minier de l'Indochine. — Revue Industrie Minérale, memoirs No 249, St. Etienne 1931.
CHARRIN, V.: Les charbonnages de l'Indochine. — Genie Civil 93, Paris 1928.
FRIEDENSBURG: Die Bergwirtschaft der Erde. — 5. Aufl., Stuttgart 1956.
FROMAGET, J.: L'Indochine française. Sa structure géologique, ses roches, ses mines et leurs relations possibles avec la tectonique. — Bull. Serv. Geol. l'Indochine 26, 2, Hanoi 1941a.
FROMAGET, J.: Etude géologique des gisements de phosphate (Apatit) de Cam Duang (Tonkin) et des formations qui les contiennent. — Bull. Serv. Géol. l'Indochine 26, 1, Hanoi 1941b.
LAVROV, S. E.: Indo-China and its mineral wealth. — Engin. and Mining Journal, 142, 1, London 1941.
SOPKO, A.: Der Kohlenbergbau in der Demokr. Rep. Vietnam. — Die Presse der Sowjetunion, Nr. 37, Berlin, März 1958.
STILLE, H.: Die tektonische Entwicklung der hinterindischen Festlands- und Inselgebiete. — Geotekt. Forsch., H. 7/8, Berlin 1943.

Die Rohstofflage der Gaswirtschaft

ERICH LANGE, Berlin.

Im Mai 1957 erschien ein Bericht der ECE (Economic Commission for Europe), der die ökonomische Bedeutung des Erdgases für die europäische Wirtschaft behandelte[1]). Ihm folgte im Dezember 1957 die von der OEEC (Organisation for European Economic Co-Operation) verfaßte Studie[2]) über den Stand der Erforschung des Erdöl- und Erdgashöffigkeitsgrades ihrer Mitgliedsländer. Diesem Bericht ist eine Übersichtskarte beigegeben, von der wir den Ausschnitt, der an die DDR angrenzt, in Abb. 1 bringen.

Im November 1957 hatte sich gleichfalls der heutige Ministerpräsident der UdSSR, N. S. CHRUSCHTSCHOW, energisch für den Ausbau der Gasifizierung in der Sowjetunion eingesetzt (vgl. „Z. angew. Geol." 4/1958, S. 2 bis 4), wobei er auch auf die großen Erdgasvorräte seines Landes hinwies (Abb. 2).

Die westeuropäische Erdgasförderung steigt jährlich um über 1 Mrd. m^3 in den sozialistischen osteuropäischen Ländern um ein Vielfaches dieser Menge. Wie aus der Tabelle 1 ersichtlich ist, macht jedoch die gegenwärtige europäische Erdgasförderung schätzungsweise nur etwa 10% der Erdgasförderung der USA aus. In diesem Verhältnis spiegelt sich die Rückständigkeit der europäischen Gaswirtschaft gegenüber dem amerikanischen Entwicklungsstand eindeutig wider.

Es erscheint daher angebracht, kurz die Rohstofflage der mitteleuropäischen Gaswirtschaft zu betrachten; denn der gegenwärtige Vorsprung der USA ist nicht dadurch bedingt, daß diese über größere mögliche Erdgasvorräte verfügen als Gesamteuropa.

[1]) Rapport sur la situation èconomique du gaz naturel en Europe. Nations Unies. Geneve 1957.
Bericht über die Stellung des Erdgases in der europäischen Wirtschaft. United Nations, Geneva. In deutscher Sprache herausgegeben: Frankfurt/M., 1957.

[2]) The search for and exploitation of crude oil and natural gas in the OEEC-area. Organisation for European Economic Co-Operation. Paris 1957.

Tabelle 1. Erdgasgewinnung in einigen europäischen Ländern, der UdSSR und den USA (Mio m^3, einschl. Erdölgas)*)

	Westdeutschland	Italien	Frankreich	Österreich	Niederlande	Westeuropa	Rumänien	Polen	Jugoslawien	Europa	UdSSR	USA
1950	74	510	246	471	8	1309	—	232	15	—	—	194500
1951	81	966	285	483	9	1824	—	355	13	—	6252	226000
1952	91	1433	276	488	17	2305	—	400	14	—	6364	249000
1953	99	2289	249	555	29	3230	—	319	73	—	6868	264000
1954	141	2975	268	625	99	4108	5700	358	90	10256	7511	270000
1955	309	3627	274	766	139	5115	5799	—	55	ca. 11400	8981	288000
1956	461	4465	330	745	166	6167	6300	—	68	ca. 13000	—	310000

*) Nach „Erdöl und Kohle" 1958, S. 353. (Bei der Sowjetunion ist die reine Erdgasförderung, also ohne Erdölgas, angegeben.)

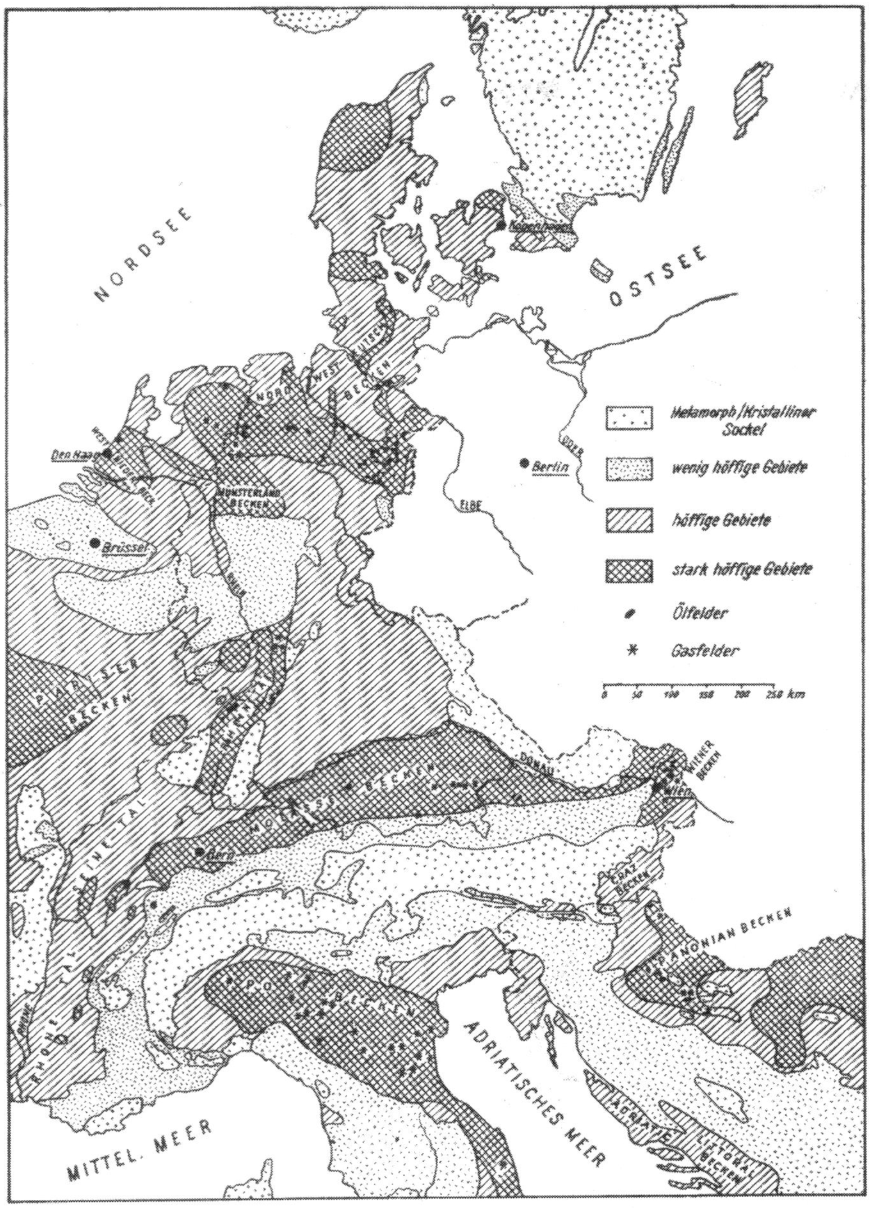

Abb. 1. Ausschnitt aus der Erdöl-/Erdgashöffigkeitskarte des OEEC-Berichtes Dezember 1957 (vereinfacht)

Nach der Karte des OEEC-Berichtes finden sich in Westeuropa zahlreiche Sedimentgebiete mit mäßigen, guten oder sehr guten Höffigkeitsgraden. Es ist anzunehmen, daß sich diese Höffigkeitstendenz in großen Zügen nach Osten fortsetzt, daß sie typisch für weite Teile des Untergrundes der europäischen Tiefebene ist und daß sie Anschluß an die Erdöl/Erdgasgebiete des Karpatenvorlandes, des Ural/Wolgagebietes und des Uchta-Revieres findet. Unter diesem Gesichtspunkt gesehen dürfte sich für einen großen Teil des Untergrundes des europäischen Tieflandes eine durchaus günstige Perspektive für die Erschürfung neuer Erdgasfelder ergeben. Im allgemeinen werden diese jedoch eine tiefere Stockwerkslage besitzen als ein großer Teil der gegenwärtig in den USA ausgebeuteten Erdgasvorkommen.

Die in Abb. 4 wiedergegebene Kartenskizze der DDR nach MEINHOLD[3]) zeigt die Höffigkeitsgrade in der DDR, wobei jedoch nur die Schichtenfolgen bis zum Zechstein berücksichtigt sind. Die tieferliegenden paläozoischen Gesteinsserien sind nicht erfaßt. Im Ural/Wolgagebiet, also im Osten der nordeuropäischen Tiefebene, sind devonische Speichergesteine die wichtigsten Erdölträger. Sie müssen daher auch im Untergrund der DDR, der polnischen Tiefebene usw. erkundet werden.

Der wertvollste Rohstoff für eine moderne Gasifizierung ist Methan. Methanlagerstätten mit 95–99,9% CH_4 stellen die einfachste und billigste Rohstoffbasis für die Gaswirtschaft dar. Ihr natürlicher Druck gestattet es, diese rohen Trockengase, soweit sie schwefelarm sind, in Fernleitungen ungereinigt und ohne zusätzlichen Energiebedarf dem Verbraucher bis zu Entfernungen von 200 km und darüber zuzuführen. Für die ca. 1500 km lange 700 mm-Ferngasleitung von Stawropol nach Moskau wird z. B. nur eine einzige Kompressorstation benötigt.

Auch kompliziert zusammengesetzte Erdgase, wie etwa das an Schwefelwasserstoff und Kohlensäure reiche Rohgas von Lacq in SW-Frankreich (69,2% Methan, 5,4% schwerere Kohlenwasserstoffe, 0,6% Stickstoff, 15,2% Schwefelwasserstoff, 9,6% Kohlensäure), lassen sich durch Gewinnung der Nebenprodukte erfolgreich reinigen, ohne daß dies unbedingt zu einer Verteuerung des Trockengaspreises zu führen braucht.

Natürliche Methangase haben einen Heizwert von 9000–9500 kgcal/m³. Sie können ohne Schwierigkeit, roh oder gereinigt, in Industrie und Haushalt ausgewertet werden. In Deutschland, England, Frankreich und anderen Ländern stellte man bisher aus Gaskohlen sogenanntes Stadtgas von 4000–4300 kgcal/m³ her. Es gilt oder galt in diesen Ländern als Standardgas, wozu jedoch weder geologische noch ökonomische Gründe, sondern lediglich entwicklungsgeschichtliche Tatsachen führten. Denn Stadtgas auf Steinkohlenbasis produzierte man bereits seit fast einem Jahrhundert, ehe man begonnen hatte, hochwertiges Erdgas auszuwerten. Die USA haben einen großen industriellen Vorsprung gegenüber der europäischen Wirtschaft erreicht, weil sie sich vom Stadtgas lösten und das Erdgas zur ausschlag-

[3]) BUJALOW, N. J.: „Erdölprobleme in der Deutschen Demokratischen Republik". Berichte der Geologischen Gesellschaft, Berlin 1958, S. 40, Tafel IV.

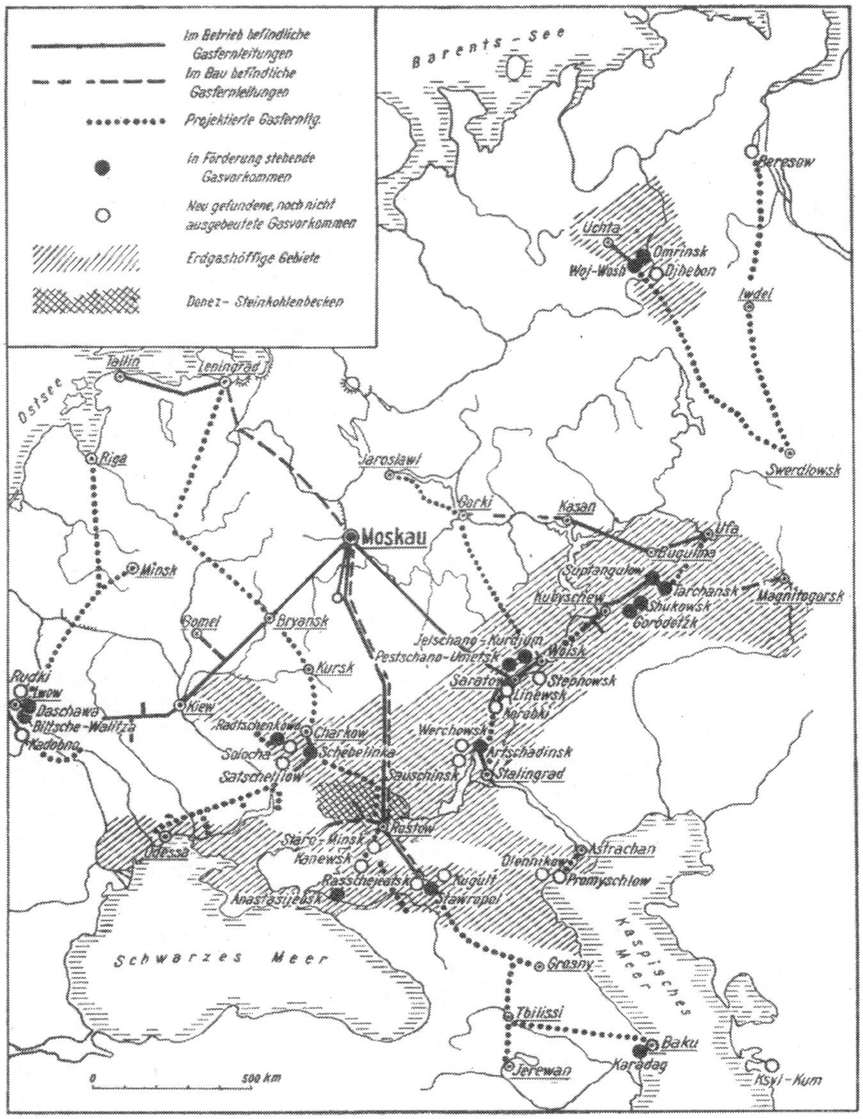

Abb. 2. Erdgasfelder, erdgashöffige Gebiete und Erdgasfernleitungen im europäischen Teil der UdSSR (nach „Gasowaja Promyschlennost", November 1957, S. 8)

Neben Kokereigas wird in Europa Gas für den örtlichen Bedarf in kommunalen Gasanstalten auf Steinkohlenbasis erzeugt. Man benutzte in Europa also bisher als Rohstoffe für die Gasversorgung vorwiegend fette bzw. gasreiche Steinkohlen. Stadtgas stellt eine **sekundäre** Energieform dar, während **methanreiches Erdgas** die am billigsten zu produzierende **Primärenergie** ist.

Der Gasabsatz bringt den Kokereien, Eisen- und Stahlwerken einen erheblichen Gewinn. Sie sind daher vorwiegend an der Erhaltung und Ausbreitung der relativ wenig heizkräftigen und teuren Stadtgase interessiert. Aber die Gasabgabe der Kokereien ist von dem Koksabsatz abhängig, dieser in erster Linie wieder von dem jeweiligen Produktionsstand der Eisen- und Stahlindustrie. Die sonstige gasverbrauchende Industrie und die Bevölkerung verlangen aber eine Gasbereitstellung ohne Rücksicht auf die Höhe des jeweiligen Koks- und Stahlabsatzes. Dieser Gegensatz der wirtschaftlichen Interessen macht sich z. Zt. besonders deutlich in Frankreich bemerkbar, wo beabsichtigt ist, einen großen Teil der kommunalen Gaswerke stillzulegen und sie zu Erdgasverteiler-Stationen, vorwiegend für das Erdgas von Lacq, von dem bereits mehrere 100 Mrd m^3 Vorräte nachgewiesen sind, umzubauen. Mit Ausnahme eines Teiles des Pariser Industriegebietes und der nordfranzösischen Steinkohlenreviere soll Methan mit ca. 9000 kcal/m^3 zur vorherrschenden Primärenergie der französischen Ferngasleitungen werden, womit sich dann die Struktur der französischen Gaswirtschaft der nordamerikanischen und rumänischen nähern würde.

gebenden Rohstoffbasis der Gas- und Wärmewirtschaft machten. Die Abgrenzung zwischen Erdgas und Kokereigas vollzieht sich in den USA so, daß sich die Versorgung von Industrie und Bevölkerung mit Kokereigas von Stadtgasqualität auf die Umgebung der Kokerei- und Stahlwerke beschränkt, also nur regionale Bedeutung besitzt, während das Erdgas außerhalb dieser engbegrenzten Gebiete als vorherrschender Rohstoff für die Gasdarbietung gilt. Unter den osteuropäischen Staaten hat Rumänien auf der Basis des siebenbürgischen Erdgases eine vorbildliche und fortschrittliche Gaswirtschaft entwickelt.

In Westdeutschland wird das Ferngasnetz vorwiegend durch Kokereigase aus den Kokereien der Zechen und Stahlwerke gespeist. Die großen westeuropäischen Ferngasleitungsnetze für Kokereigase befinden sich in den Händen der Ruhrgas AG. für die Bundesrepublik, der Gaz de France für Frankreich, der Distrigaz für Belgien und der Limburgischen Staatsminen für Holland.

Die Rangordnung der Grundstoffe für die Gasifizierung ist also — rohstoffmäßig und energiewirtschaftlich gesehen — die folgende:

Trockene Erdgase (Methan),
Raffineriegase,
Stadtgase (einschl. Kokereigase).

In Deutschland werden die Erdgase nicht entsprechend den erkundeten Vorräten ausgewertet. Die Zahl der bereits bekannten westdeutschen Erdgasfelder ist beträchtlich (s. Abb. 3).

Die Produktionsmöglichkeit wird in Westdeutschland im Interesse der Stadtgasherstellung künstlich gedrosselt, und es werden mitunter sogar bedeutende Rohgasmengen abgefackelt, und zwar wegen angeblichen Absatzmangels. Die westdeutsche Erdgasproduktion wurde zwar seit 1953 stark erhöht, wobei 85% der Förderung von 357 Mio t im Jahre 1957 dem Zechstein entstammten. Das gewonnene Erdgas führte man aber nicht der Bevölkerung als hochwertiges Heizgas zu, sondern man drosselte die mögliche Förderung bis auf diejenigen Mengen, die benötigt wurden, um Großbetrieben der chemischen und metallurgischen Industrie diesen billig-

Abb. 3

Die Erdöl- und Erdgasfelder Westdeutschlands

● = Erdölfelder

1 Schwedeneck
2 Heide
3 Kiel
4 Warnau
5 Plön
6 Boostedt
7 Bramstedt
8 Reitbrook
9 Meckelfeld-Nord
10 Meckelfeld
11 Meckelfeld-Süd
12 Wense
13 Elsfleth
14 Varel
15 Etzel
16 Emlichheim
17 Scheerhorn
18 Georgsdorf
19 Lingen
20 Rühle
21 Hebelermeer
22 Ostenwalde
23 Liener
24 Molbergen-West
25 Molbergen
26 Garen
27 Hemmelte-West
28 Quakenbrück
29 Ortland
30 Harme
31 Vestrup
32 Schledehausen
33 Oythe
34 Hagen
35 Welpe
36 Bockstedt
37 Düste
38 Dickel
40 Wehrbleck
41 Barenburg
42 Siedenburg
43 Voigtei
44 Süd-Voigtei
45 Steimbke
46 Eilte
47 Elite-West
48 Eilte-Nienhagen
49 Suder Bruch
50 Hademstorf
51 Thören
52 Wietze
53 Fuhrberg Hambühren
54 Nienhagen
55 Eicklingen
56 Hohne
57 Eldingen
58 Wesendorf-Nord
59 Örrel-Süd
60 Hankensbüttel
61 Lüben
62 Vorhop
63 Wesendorf
64 Gifhorn
65 Vorhop-Platendorf
66 Ehra
67 Calberlah
68 Leiferde
69 Rühme
70 Rautheim
71 Vechelde
72 Broisted
73 Hohenassel
74 Mölme
75 Oberg
76 Blumenhagen
77 Eddesse
78 Hänigsen
79 Hardesse
80 Rietze
81 Hillerse-West
82 Meerdorf
83 Lehrte
84 Höver
85 Kronsberg-Pattensen
86 Stockstadt
87 Wattenheim
88 Dudenhofen
89 Landau
90 Hayna
91 Minfeld
92 Leopoldshafen
93 Huttenheim
94 Rot
95 Forst-Weiher
96 Weingarten
97 Heimertingen
98 Tegernsee
99 Isen
100 Ampfing

△ = Erdgasfelder

A Emlichheim
B Adorf
C Itterbeck-Halle
D Frenswegen
E Bentheim
F Düste
G Rehden
H Thönse
J Wolfskehlen
K Eich
L Stockstadt
M Pfungstadt
N Isen
O Neuengamme (Tertiär; erschöpft)

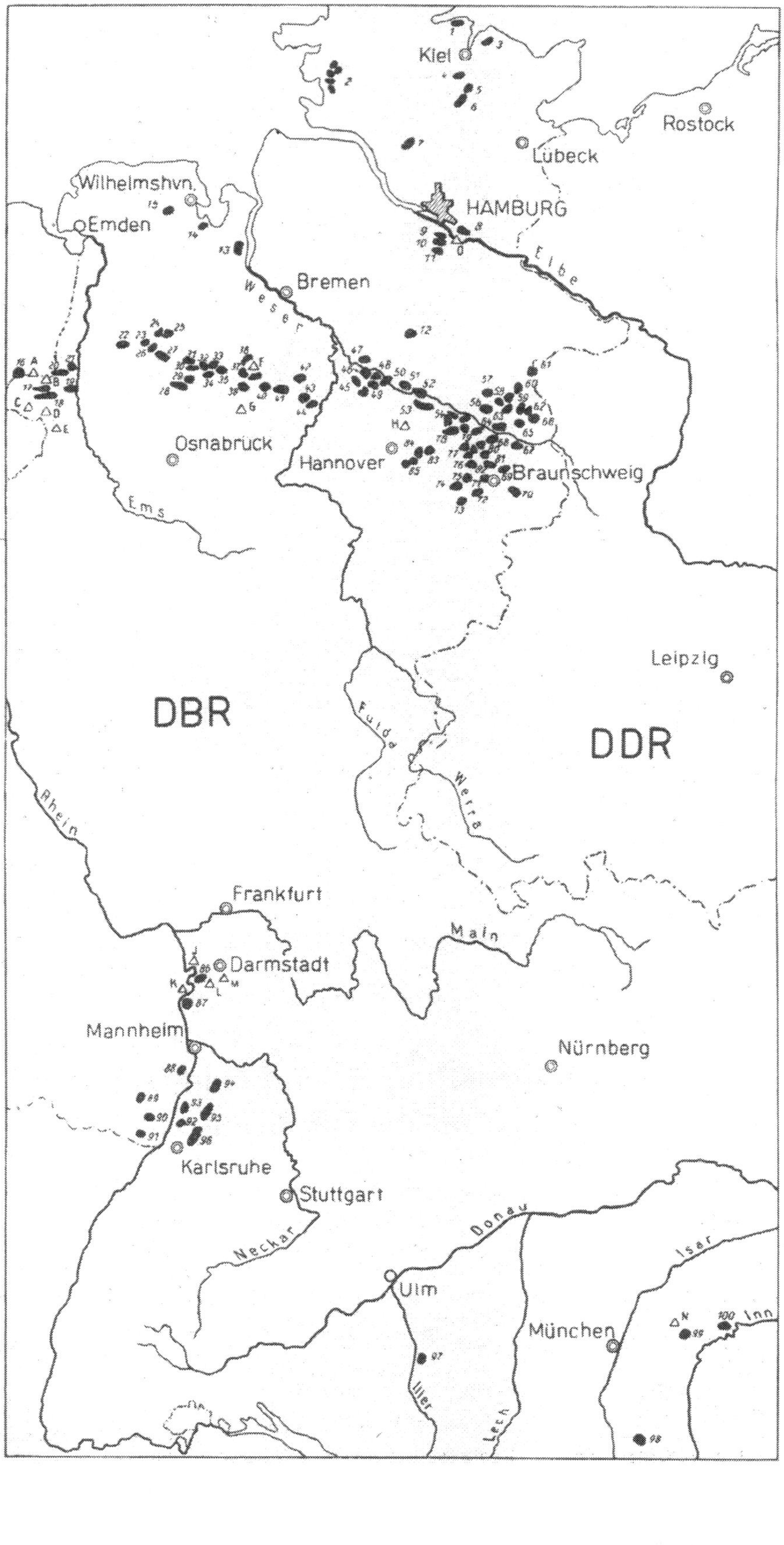

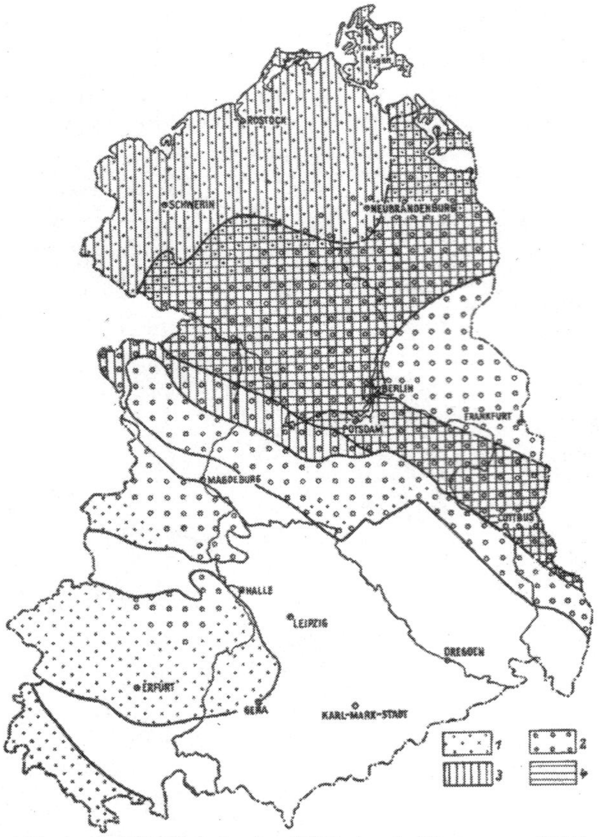

Abb. 4. Erdölhöffigkeit der DDR (nach MEINHOLD 1958)

1 — Erdölführung möglich im Zechstein, Hauptdolomitfazies

2 — Erdölführung im Zechstein, Stinkschieferfazies möglich, aber wegen fazieller Ausbildung weniger wahrscheinlich

3 — Erdölführung möglich im Rhät-Lias, aber wegen fazieller Verhältnisse nur im beschränkten Maße

4 — Erdölführung im Dogger bis Unterkreide möglich

sten Wärmeträger als Roh- oder Heizstoff zur Verfügung zu stellen. Daher sehen wir nur in denjenigen Gebieten Westdeutschlands, die frachtlich ungünstig zu den Steinkohlenrevieren liegen, eine beginnende Abkehr vom Stadtgas. Die Stadtwerke München beziehen bereits Erdgas (z. Z. etwa 250000 m³/Tag) aus den Lagerstätten von Isen und Ampfing. Allerdings stellt man auch hier der Bevölkerung noch nicht das heizkräftige Methan zur Verfügung, sondern man spaltet es. Dadurch wird es mit Hilfe von Luft oder Wasserdampf in Kohlenoxyd und Wasserstoff umgewandelt. Durch diese Wertminderung des hochwertigen bayerischen Rohgases (98% Methan, 0,8% Äthan, 0,6% Wasserstoff und 0,4% Stickstoff) gewinnt man Stadtgas mit der bisher für Europa üblichen geringen Heizkraft.

Die technischen Schwierigkeiten, die mit einer Umstellung von Stadtgas auf Erdgas verbunden sind, lassen sich relativ leicht überwinden. In Italien ging man mit bestem Erfolg schrittweise zur Darbietung von Methan anstelle von Stadtgas über. In den USA erwiesen sich geringe Änderungen an den Brennern (Neubohren der Brenneröffnungen oder Einsetzen kleinerer Düsen, Auswechseln der Zähler und Verbesserung der Dichtungen, Ersatz von Werg und Leder durch Plaste) als notwendig.

In Rumänien ist die Erdgasdarbietung die einzige Form der Gasdarbietung an Industrie und Bevölkerung. Tabelle 2 zeigt die Entwicklung der Erdgasgewinnung in Rumänien in den letzten Jahrzehnten.

Tabelle 2. Erdgasgewinnung in Rumänien (in Mio m³)

	1938	1955	1956	1956 in % von 1938
Erdgas	311	4110	4534	1457
Erdölgas	1725	1689	1866	108

Nach „Erdöl und Kohle" 1958, S. 354.

Das siebenbürgische Rohgas enthält 99,8% CH_4; es ist eines der reinsten Methangase der Welt.

In der Spaltung heizkräftiger Erdgase, in der Herabsetzung ihres Heizwertes auf das Niveau von Steinkohlenstadtgas ist eine auf die Dauer untragbare Wertminderung eines uns von der Natur zur Verfügung gestellten hochwertigen Rohstoffes und primären Energieträgers zu erblicken. Diese Ansicht bestätigte indirekt Dr. ROLL von der Elwerath. Er führte Ende April 1958 in St. Gallen aus, daß man bei der Beurteilung der Summen, die man investieren will, um Erdgas aus der Schweizer Molasse zu gewinnen, berücksichtigen müsse, daß auf Grund der Erfahrungen in Bayern das zu erwartende Gas „ungefähr den doppelten Heizwert wie das gewöhnliche Stadtgas" besitzen werde. Das eröffne große Perspektiven für die Gaswirtschaft der steinkohlenarmen Schweiz. Der gleiche Gesichtspunkt sollte sowohl für die steinkohlenreiche Bundesrepublik als auch für die steinkohlenarme Deutsche Demokratische Republik bei der Beurteilung der Erdgasperspektive Gesamtdeutschlands entsprechende Beachtung finden.

Die Verwendung des Inkohlungsgrades bei den Prognosen für die Ölführung[1]

W. S. WYSCHEMIRSKIJ, Saratow

Auf empirischem Wege wurde ein Zusammenhang zwischen dem Wert des Inkohlungsgrades fossiler Kohlen (prozentuales Verhältnis des nichtflüchtigen Kohlenstoffs zur gesamten organischen Masse der Kohle) und der Erdölführung der Schichten, die im gleichen Gebiet auftreten und altersmäßig den kohleführenden Schichten nahestehen, ermittelt (D. WHITE). Diese Gesetzmäßigkeit wurde später durch verschiedene Geologen mittels Konstruktion und Analyse von Isovolvenkarten (Isovolven sind Linien, die Punkte gleichen Inkohlungsgrades verbinden) eingehend untersucht.

E. R LILLEY (1938) charakterisiert diese Gesetzmäßigkeit folgendermaßen:

Inkohlungsgrad

80—100%	keine Öl- und Gaslagerstätten;
70— 80%	nur Lagerstätten mit trockenem Gas;
60— 70%	leichte Erdöle mit Paraffinbasis;
55— 60%	leichte Erdöle mit gemischter Basis;
50— 55%	schwere Erdöle mit gemischter Basis;
unter 50%	Asphaltöle.

[1]) Aus: „Erdölgeologie" (russ.), Nr. 6/1958.

Man nimmt an, daß in Gebieten mit hohem Inkohlungsgrad größere Öl- und Gaslagerstätten infolge der starken Metamorphose zerstört wurden; in Gebieten mit niedrigem Inkohlungsgrad wurden dagegen die Schichten so wenig abgesenkt und metamorphisiert, daß keine Bedingungen für eine umfassende Entfaltung der Erdölbildungsprozesse gegeben waren. Auf der Nordamerikanischen Tafel liegt z. B. die übergroße Mehrheit der Erdöllagerstätten in Zonen, die durch mittlere Werte des Inkohlungsgrades (55–56 %) gekennzeichnet werden. Dadurch erhielt die empirisch ausgearbeitete Methode der Auswertung des Inkohlungsgrades auch eine gewisse theoretische Begründung.

I. M. GUBKIN (1932) hielt diese oben gezeigte Gesetzmäßigkeit für völlig real, und er schätzte die Methode des Inkohlungsgrades positiv ein, allerdings erfuhr sie in der Praxis der sowjetischen Erdölgeologen keine Verbreitung. Das ist wahrscheinlich in bedeutendem Maße darauf zurückzuführen, daß bis vor kurzer Zeit das Hauptvolumen der Erdölerkundungsarbeiten in der UdSSR in solchen Gebieten abgewickelt wurde, in denen fast keine Kohlen ausbeißen.

Soweit uns bekannt ist, existiert in der sowjetischen Literatur nur eine Arbeit (W. W. WEBER, 1945), in der diese Methode für Prognosen der Erdölführung benutzt wird. In dieser Arbeit wird außerdem der ständig zu verfolgende direkte Zusammenhang zwischen dem Inkohlungsgrad und der Dichte der Gesteine nachgewiesen, wodurch sich die Möglichkeit ergibt, die Porosität der Gesteine an Hand des Wertes des Inkohlungsgrades in erster Annäherung zu beurteilen.

In der Sowjetunion werden gegenwärtig Sucharbeiten auf Erdöl in vielen kohleführenden Gebieten, besonders in Sibirien, durchgeführt. Daher gewinnt die Untersuchung des Inkohlungsgrades ein bestimmtes Interesse.

Man muß sich offensichtlich mit M. W. ABRAMOWITSCH einverstanden erklären, daß man in verschiedenen Gebieten auf Veränderungen verschiedenen Charakters stoßen kann, die der Inkohlungsgrad erfährt, und daß deshalb der Zusammenhang zwischen diesen Veränderungen und der räumlichen Verteilung der Erdöllagerstätten für jedes Gebiet einzeln bewiesen werden muß. Jedoch bleibt die direkte Abhängigkeit des Inkohlungsgrades vom Metamorphosegrad der Schichten in allen untersuchten Gebieten erhalten. Infolgedessen kann man hinsichtlich der relativen Metamorphose der Gesteine in einem beliebigen kohleführenden Territorium zuverlässige Daten erhalten.

Andererseits wird man kaum große Unterschiede in den Werten des Inkohlungsgrades, die günstigen Öl- und Gasbildungsbedingungen entsprechen, erwarten dürfen. So sind auf der ganzen Nordamerikanischen Tafel und in den daran anschließenden Faltengebieten diese Werte praktisch gleich.

Etwa die gleichen Werte ergaben sich auch im Großen Donbaß. In der Arbeit von W. W. WEBER (1945) wird gezeigt, daß in der zentralen Zone des Donbaß, die nicht erdölhöffig ist, der Inkohlungsgrad über 64% hinausgeht, und im Gebiet der Anthrazite beträgt er 92%. In den nördlichen und nordwestlichen, öl- und gashöffigen Randgebieten des Großen Donbaß bewegt sich der Inkohlungsgrad zwischen 50 und 60%, und nach den Kohlen, die aus Bohrungen der Erdöllagerstätte Romensk stammen, beträgt er im Durchschnitt 58,3%.

Es liegen Gründe für die Annahme vor, daß auch in den öl- und gasführenden Gebieten Sibiriens der Wert des Inkohlungsgrades von 55–65% am kennzeichnendsten ist. Nach unseren Berechnungen, die vorläufig an Hand einer geringen Anzahl Analysenergebnisse, die aus veröffentlichten Arbeiten stammen, vorgenommen wurden, bewegt sich der Durchschnittswert des Inkohlungsgrades im nördlichen Teil von Sachalin zwischen 58 und 65%, in der Senke von Minussinsk zwischen 56 bis 65%, und im Gebiet von Nordwik-Chatanga zwischen 53–60%. Alle diese Gebiete sind in diesem oder jenem Maße ölführend.

Unter Bezugnahme auf unsere bisherigen Darlegungen benutzten wir bei der Untersuchung der Perspektiven der Ölführung in der Werchojansker Randsenke bereits vor der Erzielung eines industriellen Gaszuflusses im Gebiet der Mündung des Flusses Wiljui neben der allgemein üblichen Methodik auch die Methode des Inkohlungsgrades. In der ganzen Randsenke wurden günstige Werte beobachtet, außerhalb davon ergaben sich meistens ungünstige Werte. Bis jetzt wurden von uns alle analytischen Unterlagen (von etwa 1500 Proben) über die fossilen Kohlen dieses Territoriums zusammengestellt und bearbeitet.

In Zusammenhang damit ergab sich die Möglichkeit, Isovolvenkarten zu konstruieren und diese für die Vorhersage der Ölführung zu benutzen (s. Abb.).

Die Anwendung der Methode des Inkohlungsgrades auf die Werchojansker Senke wird durch zwei Umstände erschwert. Erstens treten hier neben den Humuskohlen auch sapropelitische Kohlen in weiter Verbreitung auf. Zweitens kommen die Kohlenflöze in verschiedenen Teilen des Profils vom Perm bis zum Tertiär vor.

Die sapropelitischen Kohlen verändern sich bei der Metamorphose in der gleichen Richtung wie die Humuskohlen, aber in geringerem Maße (O. A. RADTSCHENKO, 1951), wodurch sich ein niedriger Inkohlungsgrad dieser sapropelitischen Kohlen ergibt. Hierbei schwankt der Inkohlungsgrad sogar auf ein und derselben Lagerstätte in sehr weiten Grenzen. Im Zusammenhang damit ist es vorläufig nicht möglich, für die Prognosen der Erdölführung die an Hand von sapropelitischen Kohlen

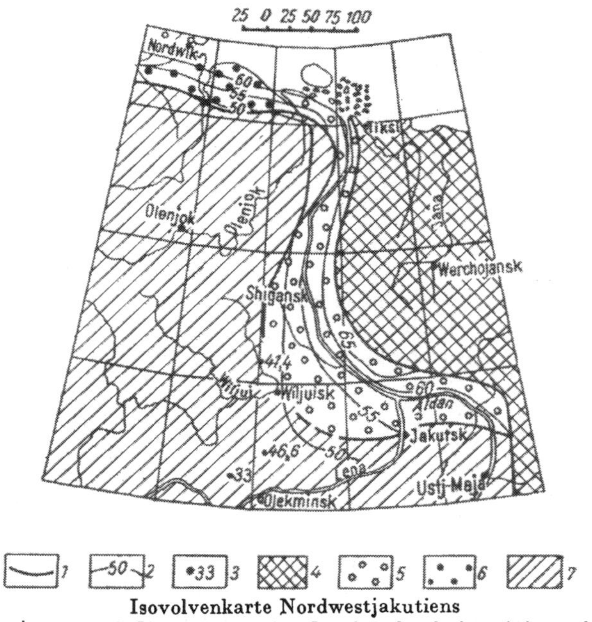

Isovolvenkarte Nordwestjakutiens

1 – Umrisse der Geostrukturen; 2 – Isovolven der oberjurassischen und unterkretazischen Kohlen; 3 – Inkohlungsgrad auf einzelnen Feldern außerhalb der Isovolven; 4 – Faltengebiet im Nordosten der UdSSR; 5 – Werchojansker Randsenke; 6 – Lena-Chatanga-Senke; 7 – Sibirische Tafel.

gewonnenen Daten zu benutzen, die beiliegende Karte stützt sich daher nur auf die Ergebnisse, die bei Humuskohlen erzielt wurden.

Kohlen verschiedenen Alters werden in ein und demselben Gebiet durch verschiedene Werte des Inkohlungsgrades gekennzeichnet. Bei Kohlen aus älteren Schichten, die stärker abgesenkt und durch eine größere Anzahl tektonischer Akte beansprucht wurden, ist der Inkohlungsgrad höher als bei relativ jungen Kohlen des gleichen Gebiets. Das kann man auch an unserem Material sehen. So beträgt z. B. der Inkohlungsgrad im nördlichen Teil des Werchojansker Gebirges bei den paläogenen Kohlen im Durchschnitt 55–56% und bei den oberpermischen etwa 80%; am Unterlauf des Olenjok beträgt der Inkohlungsgrad der permischen Kohlen 60%, der kretazischen 50% usw. Folglich muß man für eine vergleichende Einschätzung der möglichen Ölführung verschiedener Gebiete die Daten von Kohlen aus einer stratigraphischen Einheit benutzen.

Hinsichtlich der Werchojansker Randsenke sind die oberjurassischen und unterkretazischen Kohlen am geeignetsten, da sie in der gesamten Senke und in den anschließenden Teilen der Tafel weit verbreitet sind. Es wäre wünschenswert, für die oberjurassischen und unterkretazischen Kohlen getrennte Isovolvenkarten zu konstruieren. Jedoch ist ihre Trennung in den Analysentabellen, die von verschiedenen Forschern entlehnt wurden, in vielen Fällen nicht möglich.

Aus diesem Grunde und unter Berücksichtigung dessen, daß beide Kohlen in einer einheitlichen kohleführenden Serie liegen und durch sehr ähnliche Inkohlungsgrade gekennzeichnet werden, konstruierten wir eine allgemeine Karte, wobei zum größeren Teil die Unterlagen über die unterkretazischen Kohlen dominieren. Eine Ausnahme bildet der Unterlauf des Olenjok, wo oberkretazische Kohlen die entsprechenden Daten lieferten, und einzelne Punkte, die im Gebiet der Stadt Olekminsk nach Daten von oberjurassischen Kohlen eingetragen wurden.

Wie aus der Karte zu ersehen ist, wird das gesamte Territorium der Werchojansker Senke, ebenso das Gebiet der Lena-Chatanga-Senke, das mit der Werchojansker Senke hinsichtlich der mesozoischen Entwicklung viele gemeinsame Züge trägt, durch (im Sinne der Erdölsucharbeiten) günstige Werte des Inkohlungsgrades (von 50–65% und darüber) gekennzeichnet.

Beim Eintritt ins Innere der Tafel sinkt der Inkohlungsgrad. So beträgt er am Fluß Tjung im Durchschnitt 41,4%, nördlich von Olekminsk 46,6% und nordwestlich davon 33%. Hierbei wurden die drei zuletzt angeführten Zahlen nach oberjurassischen Kohlen erhalten, d. h. nach Kohlen, die älter sind als die Hauptmenge der Kohlen der Randsenke, deren Daten bei der Konstruktion der Karte benutzt wurden. Würde man natürlich vollkommen gleichaltrige Kohlen vergleichen, dann wäre selbstverständlich der Unterschied im Inkohlungsgrad der Kohlen der Randsenke und der inneren Tafelgebiete noch schärfer ausgeprägt.

Mit dem Übergang von der Randtiefe zum Faltengebiet nimmt der Inkohlungsgrad plötzlich zu. Es gibt hier freilich keine Möglichkeit, gleichaltrige Kohlen zu vergleichen. Es ist jedoch schon bezeichnend genug, daß der Inkohlungsgrad der oberpaläogenen Kohlen am Nordende des Werchojansker Gebirges in derselben Größenordnung liegt wie bei den unterkretazischen Kohlen des anschließenden Teils der Randsenke. Bei den oberkretazischen Kohlen der Lagerstätte Syrjansk beträgt er im Durchschnitt 68,5%, bei den oberpermischen Kohlen des Werchojansker Gebirges 80%, nicht selten sogar 96%.

Daher wird die Werchojansker Randsenke, die hinsichtlich des Grades der Dislozierung und der Metamorphose des Mesozoikums eine Übergangsstellung zwischen Tafel- und Faltengebiet einnimmt, auch durch Zwischenwerte des Inkohlungsgrades gekennzeichnet. Bezeichnend ist, daß auch innerhalb der Senke selbst der Inkohlungsgrad mit der Annäherung an das Faltengebiet gesetzmäßig zunimmt. Das stimmt mit der Zunahme von Mächtigkeit und Dislozierungsgrad der mesozoischen Schichten in der gleichen Richtung überein.

Der Wert des Inkohlungsgrades ändert sich auch im Streichen der Senke; er nimmt am äußersten Südostteil merklich zu (bis auf 68,9%), ferner am Vorsprung von Kittschansk (nordöstlich der Mündung des Flusses Wiljui) bis auf 66,8%. Hierbei unterscheiden sich diese beiden Gebiete von den anderen Teilen der Senke durch die bedeutend stärkere Dislozierung der Gesteine.

Wenn man die Isovolvenkarte für die Einschätzung der Erdölhöffigkeit heranzieht, ist zu berücksichtigen, daß die unter- und mitteljurassischen Erdölmuttergesteine (und erdölführenden Gesteine), die sehr mächtig sind, möglicherweise stärker abgesenkt und metamorphisiert wurden als die oberjurassisch-unterkretazische kohleführende Serie, nach deren Kohlen die vorliegende Karte zusammengestellt wurde. Nach einzelnen Proben unterjurassischer Kohle des Vorsprungs von Kittschansk zu urteilen, bewegt sich der Inkohlungsgrad bei ihnen zwischen 65 und 70%, bei den oberjurassischen Kohlen besitzt er auf den gleichen Feldern Werte von 60–65%. Die Dichte ist bei den unter- und mitteljurassischen Kohlen im ganzen Gebiet der Senke größer als die Dichte der oberjurassischen und kretazischen Kohlen. Es ist ganz offensichtlich, daß, wenn man für die Senke eine Karte der Isovolven nach den unter- und mitteljurassischen Kohlen konstruieren könnte, der Inkohlungsgrad überall merklich höher wäre (am wahrscheinlichsten um 5–7%) als auf unserer Karte.

Dieser Leitsatz läßt sich mit allen hier bekannten Öl- und Gasanzeichen völlig in Übereinstimmung bringen. So wurde im Gebiet der Mündung des Flusses Wiljui aus dem unteren Jura ein industrieller Gaszufluß erzielt; der Inkohlungsgrad der unterkretazischen Kohlen beträgt im Durchschnitt nur 59,2%. Im südlichen Teil des ölführenden Gebiets von Nordwik-Chatanga bewegt sich der Inkohlungsgrad der unterkretazischen Kohlen zwischen 52 und 55%, während der aus dem Perm erhaltene Erdöltyp von einer stärkeren Metamorphose zeugt, die einem Wert des Inkohlungsgrades von 55 bis 60% entspricht.

Wenn man die Isovolvenkarte nach den oberjurassischen und unterkretazischen Kohlen unter Berücksichtigung der stärkeren Metamorphose der unter- und mitteljurassischen Schichten benutzt, muß man annehmen, daß die letzteren die größten Aussichten auf Erdöl in der äußeren Zone (der an die Tafel anschließenden Zone) der Werchojansker Senke und im randlichen Teil der Tafel besitzen. Der Teil der Senke (ebenfalls der Teil der Lena-Chatanga-Senke), der zwischen dem Faltengebiet und der 60%-Isovolve liegt, ist offensichtlich wenig höffig, da die Metamorphose der unter- und mitteljurassischen Schichten (in der Lena-Chatanga-

Senke der permischen Schichten) augenfällig einem Inkohlungsgrad von über 65% entspricht.

Hinsichtlich der Gasführung ist wahrscheinlich das gesamte Territorium der Randtiefe und der Senke höffig. Wenn man jedoch die Abnahme der Porosität der Gesteine mit wachsendem Inkohlungsgrad in Betracht zieht, dürfte trotzdem der an die Tafel anschließende Teil der Senke höffig sein, da hier mehr Wahrscheinlichkeit besteht, gute Gasspeichergesteine anzutreffen. Für das Gebiet Nordwik-Chatanga wird diese Gesetzmäßigkeit durch die bei den Erkundungsarbeiten erzielten Ergebnisse bestätigt. Hier werden in südlicher Richtung, d. h. nach der Seite des abnehmenden Inkohlungsgrades der unterkretazischen Kohlen, alle physikalischen Eigenschaften der permischen Speichergesteine günstiger.

An Hand des Inkohlungsgrades kann man schon jetzt einige vorläufige Bemerkungen über die Erdölhöffigkeit des Faltengebietes im Nordosten der UdSSR machen. Da der Inkohlungsgrad der oberkretazischen Kohlen der Lagerstätte Syrjansk im Durchschnitt 68,4% beträgt, der Inkohlungsgrad der paläogenen Kohlen der Bucht von Sogo nur 55–56%, ist die Möglichkeit nicht ausgeschlossen, daß in einigen intramontanen Senken dieses Gebiets Schichten vorhanden sind, die nicht so stark metamorphisiert sind, als daß man in ihnen keine Öl- und noch wahrscheinlicher Gasakkumulationen erwarten könnte.

Die hier unterbreiteten Unterlagen über die Werchojansker Senke können natürlich bei den Prognosen der Erdölführung keine selbständige Bedeutung besitzen. Sie stimmen jedoch gut mit allen anderen Unterlagen überein, und die Auswertung des Inkohlungsgrades im Gesamtkomplex der Erdölsucharbeiten (im ersten Stadium der Arbeiten) kann einen gewissen Nutzen bringen, besonders hinsichtlich der großen, bisher noch ungenügend untersuchten, aber zu einem bedeutenden Teil kohleführenden Gebiete Sibiriens. Offensichtlich wäre es nützlich, schon jetzt Isovolvenkarten nach verschiedenen Horizonten für das ganze Territorium Sibiriens zu besitzen. Das analytische Material für diesen Zweck ist in den meisten Gebieten völlig ausreichend.

Literatur

ABRAMOWITSCH, M. W.: Das Aufsuchen und Erkunden von Öl- und Gaslagern. Gostoptechisdat, 1948.
GUBKIN, I. M.: Die Lehre vom Erdöl. ONTI, 1932.
LILLEY, E. R.: Öl- und Gasgeologie. ONTI 1938.
RADTSCHENKO, O. A: Die heutigen Vorstellungen über die Genese des Erdöls und die Vorgänge bei seiner Umwandlung und Zerstörung. Sammelband „Dem Gedächtnis an Akademiemitglied I. M. GUBKIN". Verlag der Akademie der Wissenschaften der UdSSR, 1951.
WEBER, W. W.: Das Problem der Erdölführung des Donezbeckens. Gostoptechisdat, 1951.

Über die Entwicklung der Basisbohrungen in der UdSSR[1]

J. A. KOSSYGIN, Moskau

Unter den vielen Methoden zur Erforschung des Erdinnern haben sich die Basisbohrungen einen festen Platz erobert. Die Bedeutung dieser in der Sowjetunion erstmalig ausgearbeiteten Methode läßt sich am besten am Beispiel der sogenannten Tafelgebiete und deren zweistöckigem Bau erkennen (Abb. 1). Das untere Strukturstockwerk der Tafeln oder ihr Fundament setzt sich gewöhnlich aus kompliziert gefalteten Schichten metamorphisierter Sedimentgesteine, aus eingedrungenen Graniten und anderen aufgestiegenen magmatischen Tiefengesteinen zusammen. Auf der gefalteten Oberfläche des Fundaments lagert das obere Strukturstockwerk oder das Tafeldeckgebirge, das sich aus fast horizontalen oder schwach verbogenen jüngeren Sedimentschichten zusammensetzt, die in der Regel keine merkliche Metamorphose erfahren haben. Die Mächtigkeit des Deckgebirges kann unterschiedlich sein und von wenigen hundert Metern bis zu 10 Kilometern ansteigen. Die Tafelgebiete, auf denen das Deckgebirge fehlt und das Grundgebirge direkt an die Erdoberfläche tritt, werden Schilde genannt. Außerhalb der Schilde sind infolge des mächtigen Deckgebirges der Bau des Fundaments und die Form seiner Oberfläche für Beobachtungen ungänglich. Das Deckgebirge selbst weist infolge des langandauernden und komplizierten Bildungsprozesses oft eine sehr unterschiedliche Lagerung seiner oberen und tieferen Schichten auf. Man kann daher an Hand der an der Oberfläche gemachten Beobachtungen keinesfalls auf den Tiefenbau schließen. Die Bildung des Deckgebirges auf der Russischen Tafel, die sich von den Karpaten bis zum Ural und von der Küste des Nördlichen Eismeeres bis zu den Ufern des Kaspischen und des Schwarzen Meeres erstreckt, hat etwa 500 Millionen Jahre gedauert. In dieser Zeit hat das Meer wiederholt verschiedene Teile der Tafel überflutet, und während sich in einigen Teilen der Tafel neue Sedimentschichten ansammelten, wurden in anderen Gebieten vorhandene Ablagerungen wieder abgetragen. Infolgedessen sind das geologische Profil des Deckgebirges sowie die Vollständigkeit und Aufeinanderfolge der Deckgebirgsschichten in den verschiedenen Abschnitten der Tafel nicht gleich. Die Verbreitung der verschiedenen Systeme von Ablagerungen, die die untersten Partien des Deckgebirges bilden, kann sehr unterschiedlich sein und läßt sich durch Beobachtungen von der Oberfläche aus nicht feststellen. Deshalb sind Basisbohrungen für das Studium der Tektonik eines Territoriums unbedingt notwendig, und ihre Ergebnisse liefern unersetzliches Material für die Anfertigung tektonischer Karten.

An die Verbreitung und Aufeinanderfolge der verschiedenen Sedimentschichten ist das Auftreten von Bodenschätzen, wie Erdöl und Erdgas, im Untergrund der

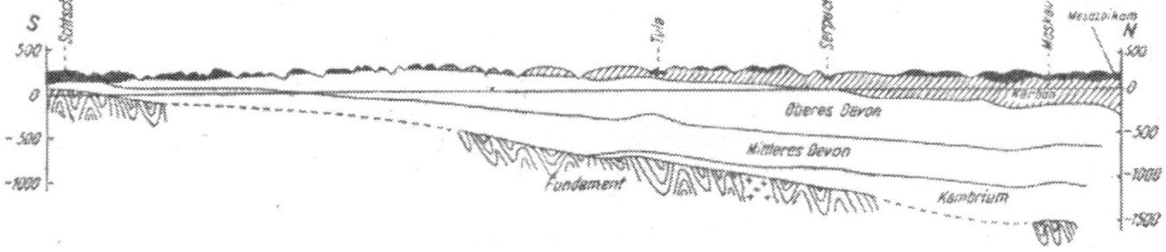

Abb. 1. Schematisches Profil der Russischen Tafel von Moskau bis Schtschigry (nach D. N. UTECHIN)

[1]) Aus „Die Natur" (russisch), Nr. 8/1958, S. 21.

Abb. 2. Schema der Tektonik der Russischen Tafel (nach A. D. ARCHANGELSKIJ u. a., 1937)

1 — Gebiete, in denen die Gesteine des Präkambriums an die Oberfläche treten oder nur eine geringmächtige Sedimentbedeckung aufweisen; 2 — Gebiete mit nicht allzu tiefer Lagerung des präkambrischen Fundaments; 3 — dasselbe mit tiefer Lagerung; 4 — Gebiete mit oberflächennaher Lagerung des altpaläozoischen gefalteten Fundaments; 5 — dasselbe mit oberpaläozoischer Faltung; 6 — dasselbe mit mesozoischer Faltung; 7 — Gebiete mit tiefer Lagerung des oberpaläozoischen gefalteten Fundaments; 8 — Gebiete mit oberflächennaher Lagerung des mesozoischen Fundaments; 9 — dasselbe mit tiefer Lagerung; 10 — Gebiete, die von einer intensiven tertiären Faltung erfaßt wurden; 11 — Vorgebirgssenken tertiärer Orogene; 12 — Richtung der Faltungszüge

Tafel geknüpft. Lagerstätten von Erdöl und Erdgas sind an marine Sedimente gebunden und gewöhnlich in abgesunkenen Tafelbecken verbreitet. Im Untergrund der Russischen Tafel befinden sich auch Kohlenflöze, die aus der reichen festländischen Flora längs der Meeresküsten der Karbonperiode entstanden sind; weiterhin Salzlager, die sich beim Zurückweichen der Meere in den Restbecken unter den Bedingungen eines Wüstenklimas und einer intensiven Verdunstung abgelagert haben. Es ist verständlich, daß die Gesetzmäßigkeiten des Auftretens dieser Bodenschätze in den tiefen Schichten des Deckgebirges nur durch Erforschung der Verbreitung der Nebengesteinsschichten erkannt werden können sowie durch Feststellung des Verlaufs der ehemaligen Küstenlinien und anderer spezieller Verhältnisse der alten Becken.

An das Grundgebirge der Tafel sind solche wichtigen Mineralvorkommen geknüpft, wie die Eisenerze der Kursker magnetischen Anomalie. Um die Verteilung dieser Mineralvorkommen beurteilen und sich bei den Erkundungsarbeiten richtig orientieren zu können, muß man den Bau und die Zusammensetzung des Grundgebirges erforschen.

Die zuverlässigste Art, die Schichtfolgen des Tafeldeckgebirges zu untersuchen und die Tiefenlage des Fundaments zu klären, ist immer die Niederbringung von Tiefbohrungen. Die moderne Technik ermöglicht es, Bohrungen bis in eine Tiefe von 4—5 Kilometern und mehr niederzubringen; die tiefste Bohrung der Welt erreichte 6850 Meter. Von einzelnen Ausnahmen abgesehen, in denen das Fundament in sehr große Tiefen abfällt, wie in der Kaspischen Senke, in der Dnepr-Donez-Senke und in der Petschora-Senke, ist es daher durchaus möglich, das Deckgebirge auf der Russischen Tafel in seiner ganzen Mächtigkeit zu untersuchen.

Einzelne Bohrungen, die zur Erkundung bestimmter Lagerstätten niedergebracht werden, können den Bau kleiner Tafelabschnitte klären. Die Tafelgebiete sind aber sehr groß. Die Russische Tafel besitzt eine Ausdehnung von 2500 × 2700 km; die Sibirische Tafel mißt 2500 × 2500 km und die Westsibirische Platte 2000 × 1750 km. Die Turanische Platte, die sich durch komplizierte, verzweigte Umrisse auszeichnet, nimmt riesige Räume Mittelasiens ein. Die Notwendigkeit einer planmäßigen Suche nach Bodenschätzen erfordert aber die Kenntnis der Hauptelemente des Baues der gesamten Tafel oder ihres überwiegenden Teiles. Beschränkt man sich auf kleine Abschnitte und ihre eingehende Untersuchung, kann man leicht die Hauptrichtung der Sucharbeiten, die zur Entdeckung größter Minerallagerstätten führen könnten, aus dem Auge verlieren.

Für die planmäßige Erforschung des Untergrundes der Tafelgebiete wurde die Methode der geologischen Basisbohrungen vorgeschlagen, die in einem weitverzweigten Netz über große Gebiete hinweg angesetzt werden. Gegenüber den Erkundungsbohrungen, deren Ziel im Aufsuchen und Erkunden bestimmter Bodenschätze, wie Kohle, Erdöl, Salze, Eisen usw. besteht, haben die Basisbohrungen erweiterte Aufgaben.

Das Profil einer Basisbohrung muß allseitig und sorgfältig beschrieben werden. Die ausgebrachten Gesteinsproben (Kerne) werden unter dem Mikroskop untersucht, ihre Struktur und Zusammensetzung ausführlich beschrieben. Es werden spezielle chemische und mineralogische Analysen vorgenommen und die in den Gesteinen erhaltenen Reste fossiler Organismen — der Fauna, der Mikrofauna und Flora — sorgfältig untersucht. Dadurch wird es möglich, das geologische Alter der durchsunkenen Schichten mit größter Sicherheit zu bestimmen.

Besondere Beachtung wird der Untersuchung der organischen Substanzen, z. B. den Bitumina, geschenkt, die oft kleinste Einsprengungen im Gestein bilden. Die Untersuchung der Bitumenverteilung sowohl durch chemische Analysen als auch mit Hilfe des Lumineszenz-Verfahrens, das auf dem Aufleuchten der Bitumina in ultraviolettem Licht beruht, gestattet es, die Möglichkeit des Auftretens von Erdöllagern in der einen oder anderen Schichtfolge des Deckgebirges zu beurteilen.

Gründlich analysiert wird die chemische Zusammensetzung der Wässer, die von einer Bohrung in verschiedenen Horizonten des durchbohrten Profils angetroffen wurden. Es werden elektrische und radiometrische Bohrlochmessungen durchgeführt, mit deren Hilfe besonders geringmächtige Gesteinslagen, die bei der Probenentnahme mit dem Meißel unbemerkt bleiben, ausgeschieden werden können. Außerdem werden die Dichte und die magnetischen Eigenschaften der erbohrten Gesteine untersucht, um die Durchführung der geophysikalischen Erkundungen (Gravimetrie und Magnetik) zu erleichtern.

Der gesamte Komplex der Untersuchungen über das Profil einer Bohrung wird von verschiedenen Fachleuten ausgeführt. Durch diese Kollektivarbeit entsteht ein fundamentales Werk, das eine Beschreibung des geologischen Leitprofils darstellt, welches allen geologischen und Erkundungsarbeiten in dem betreffenden Gebiet zugrunde gelegt wird.

Bei Erkundungsbohrungen müssen Alter und Grenzen der Horizonte und Stufen der geologischen Ablagerungen bestimmt werden; in einem neuen, noch nicht erkundeten Gebiet ist dies mit großen Schwierigkeiten und zuweilen auch mit groben Fehlschlüssen verbunden, die die Sucharbeiten verzögern oder sie in eine falsche Richtung lenken. Ist aber in dem Gebiet eine sachgemäß niedergebrachte und ausgewertete Basisbohrung vorhanden, so verfügt der Erkundungsgeologe über einen ausgezeichneten Anhaltspunkt.

Wichtig ist das Leitprofil auch für die Geophysiker, die ihren Berechnungen die tatsächlich gemessenen Kennwerte der geophysikalischen Eigenschaften der in der Tiefe liegenden Gesteine zugrunde legen können und sich somit nicht nur auf angenommene Eigenschaften der Gesteine zu stützen brauchen. Deshalb kann in den Gebieten, in denen Leitprofile vorhanden sind, eine größere Genauigkeit in der geologischen Auswertung der geophysikalischen Meßergebnisse erreicht werden. Die geophysikalischen Messungen werden durch die Leitprofile nicht nur präzisiert, sondern sie ergänzen auch die Ergebnisse der Basisbohrungen. Bei der Erforschung des Tiefenbaues neuer Gebiete ist eine Kombination dieser beiden Methoden notwendig.

Die Basisbohrungen finden in unserem Lande seit 1946 weitestgehend Anwendung. Die meisten Bohrungen wurden auf der Russischen Tafel angesetzt. Bis 1957

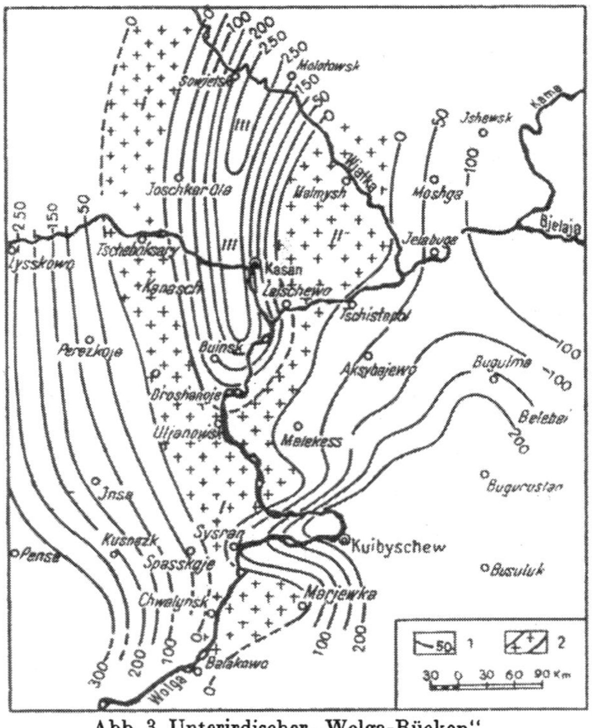

Abb. 3. Unterirdischer „Wolga-Rücken“ (nach A. M. Melnikow)

I — Begrabener Wolga-Rücken des Fundaments; II — Nordgipfel des Tatarischen Gewölbes; III — Kasan-Kirower Depression. 1 — Linie gleicher Mächtigkeiten der Ablagerungen der Givet- und der Paschi-Stufe; 2 — Gebiet, in welchem Ablagerungen fehlen.

waren es bereits 40. Die Ergebnisse dieser Bohrungen veranlaßten die Geologen, frühere Annahmen über die Tiefenlage des Grundgebirges der Russischen Tafel gründlich zu revidieren. So wurde z. B. bis 1937 der östliche Teil der Tafel als ein Gebiet mit tiefer Lagerung des Grundgebirges dargestellt und erhielt den Namen „Ostrussische Senke“. Eine Bucht derselben im Gebiet von Moskau wurde als Moskauer Becken (Abb. 2) bezeichnet. Durch die Basisbohrungen und die sie ergänzenden Erkundungsbohrungen sind große, früher unbekannte Aufragungen und Senken des Fundaments festgestellt worden, wie das Tokmow-Gewölbe, die Patschelm-Senke, die Melekesser Senke, das Tatarische Gewölbe, die Aufragung von Kotelnitsch und andere. Mit der Lage dieser Strukturen hängt die Verteilung der Erdöl- und Erdgaslagerstätten des Wolga/Ural-Gebietes eng zusammen.

Im westlichen Teil der Russischen Tafel wurden durch Basisbohrungen und geophysikalische Messungen die Konturen der Pripjet-Senke mit ihren Salz- und Erdöllagerstätten und der Belorussischen Erhebung verfolgt. Durch Basisbohrungen wurde im Gebiet von Astrachan und südlich des Embaflusses in Transkaspien die Südgrenze der Tafel entdeckt, die unter einer mächtigen Schichtfolge von mesozoischen und känozoischen Ablagerungen verborgen liegt.

In den letzten Jahren wurde im Wolga-Gebiet ein alter Rücken entdeckt, der sich von Norden nach Süden, von Kotelnitsch bis in die Gegend südlich von Kuibyschew (Abb. 3) hinzieht. Dieser „Wolga-Rücken“ wurde erstmals am Ende des Devons, d. h. vor 280 bis 285 Millionen Jahren, vom Meere überflutet; früher bildete er eine Barriere, die die Meeresbecken, in denen sich Folgen von Erdölmuttergesteinen bildeten, voneinander trennte. Aus der Existenz des Wolga-Rückens läßt sich auf neue Erdöllager längs seiner Flanken schließen.

Auf der Russischen Tafel wurden, mit Ausnahme der tiefsten Senken, mit Hilfe der bisher durchgeführten Basisbohrungen die gesteckten Ziele im wesentlichen erreicht. Die meisten der niedergebrachten Basisbohrungen könnten in Analogie zu den Triangulationspunkten, diesen Stützpunkten für topographische Aufnahmen, als Punkte I. Ordnung betrachtet, d. h. zu den Bohrungen gerechnet werden, die weitmaschig angesetzt sind (auf der Russischen Tafel erreichen die Abstände zwischen den Basisbohrungen 200—300 km) und die Grundlage für einen ganzen Komplex verschiedenartigster und genauester Untersuchungen bildeten. Es ist jedoch notwendig, noch viele Basisbohrungen mit kleineren Abständen in jenen Gebieten niederzubringen, in denen die Hauptzüge der Geologie des tieferen Untergrundes bekannt sind. Selbstverständlich werden bei solchen Bohrungen die Ziele begrenzter und der Komplex der Untersuchungen weniger umfangreich sein.

Wahrhaft grandios sind die Aufgaben der Basisbohrungen außerhalb der Russischen Tafel, in Sibirien und in Mittelasien. Auf der Sibirischen Tafel sind bisher nur einzelne Basisbohrungen niedergebracht worden, und der Grad der Erforschung des Untergrundes ist dort im Vergleich zur Russischen Tafel noch sehr niedrig. Mehr oder weniger zuverlässige Vorstellungen von der Tiefe des Fundaments bestehen nur für die Flanken des Aldan-Schildes und des Anabar-Massivs. Der tiefere Untergrund der Wiljui-Senke und der Tunguska-Senke ist bisher noch unerforscht. Es ist anzunehmen, daß nach Niederbringung von Basisbohrungen in der Tunguska-Senke nicht weniger neue, gegenwärtig noch „unvermutete" tektonische Hochgebiete und Senken als auf dem Territorium der Ostrussischen Senke nachgewiesen werden.

Die Westsibirische Tiefebene gehört ihrem geologischen Bau nach zu den jungen Tafeln, deren Fundament nicht vor 500 Millionen Jahren entstanden ist wie auf der Russischen Tafel, sondern erst vor insgesamt 200 Millionen Jahren, d. h. zu Beginn des mesozoischen Zeitalters. Jedoch besitzt das Tafeldeckgebirge in Westsibirien große Mächtigkeit (bis 3 km und mehr) und birgt Erdgase, Erdöl, Eisenerze, Kohle und andere mineralische Rohstoffe, bei deren Entdeckung den Basisbohrungen eine entscheidende Rolle zukommen muß. Bis jetzt wurden hier nur wenige Basisbohrungen niedergebracht, und das unterirdische Relief des Fundaments wurde auf der tektonischen Karte für die zentralen und nördlichen Teile der Tiefebene auf der Grundlage nur annähernder magnetischer Messungen dargestellt. Die tektonische Karte ist eine erste über dieses Gebiet orientierende Darstellung und muß durch Basisbohrungen von Grund auf überprüft werden.

Sehr wenig erforscht ist der Untergrund der Turaner Platte, die ebenfalls eine junge Tafel darstellt. Das Fundamentrelief konnte für dieses Territorium auf der tektonischen Karte nur annähernd wiedergegeben werden. Basisbohrungen hat es hier so gut wie gar nicht gegeben, und es liegen auch keine genauen Angaben für die Darstellung des Fundaments vor.

Basisbohrungen werden nicht nur auf Tafeln niedergebracht, sondern auch in stark gegliederten, in der Vergangenheit sehr beweglichen, sogenannten geosynklinalen Gebieten, die aus emporgehobenen und abgesunkenen Blöcken bestehen, die ihrerseits durch tief in die Erdhülle hineinreichende Brüche getrennt sind. Auf den abgesunkenen Blöcken bilden sich Senken, die von mächtigen Sedimentfolgen gefüllt werden; die Erhebungen dagegen besitzen das Aussehen von Bergmassiven. Für die geosynklinalen Gebiete sind darüber hinaus Vulkanismus, hohe Seismizität, ausgeprägtes Gebirgsrelief, intensive Abtragung der Schichten und Metamorphose der Gesteine kennzeichnend. Als geosynklinale Gebiete gelten in der UdSSR das südliche Faltungsgebiet, zu dem die Karpaten, die Krim, der Kaukasus und der Kopet-Dag gehören. Zum Faltungsgebiet des Stillen Ozeans gehören Sachalin und Kamtschatka. Das alte, riesige Ural-Tienschan-Gebiet, dessen Entwicklung bereits im Paläozoikum abgeschlossen war, umfaßt den Ural, den Nördlichen und Südlichen Tienschan, den Altai und das Faltungsgebiet des Salair-Sajan. Innerhalb der Geosynklinalgebiete werden die Basisbohrungen zur Erkundung der tiefen Senken niedergebracht, deren Profil und Tiefenbau man an Hand von Oberflächenbeobachtungen nicht beurteilen kann. Diese Senken sind gewöhnlich reich an Erdöl und Erdgas, zuweilen auch an Kohlen und Salzen. Ihre Erkundung durch Basisbohrungen ist daher von großer praktischer Bedeutung. Durch Bohrungen wurden und werden solche an Bodenschätzen reiche Senken erkundet, wie die Senke von Ferghana, die Südtadshikische Senke, die Westturkmenische Senke, die Kura-Senke und die Transkarpatische Senke. Besonderes Interesse ist den Randsenken zu widmen, die an den Grenzen von Tafel- und Geosynklinalgebieten verlaufen, wie die Karpaten-Vortiefe, die Kaukasus-Vortiefe, die Kopet-Dag-Vortiefe, die Ural-Vortiefe und die Werchojansker Vortiefe. In der letzteren kam es unlängst zu einem gewaltigen Gasausbruch aus jurassischen Schichten.

Die Basisbohrungen verändern in einer Reihe von Fällen grundlegend die Vorstellung vom Bau der Vortiefen. So zeichnete sich in den Jahren 1937—1948 an der Stelle des Kaukasus-Vorlandes eine breite Vortiefe ab, die sich von den Hängen des Kaukasus-Rückens bis zum Manytsch-Tal erstreckte. Jetzt, nach Niederbringung von Basisbohrungen, wurde festgestellt, daß ein bedeutender Teil dieses Territoriums Tafelstruktur besitzt. Die Gesteine des Deckgebirges sind zu flachen, kuppelförmigen Falten aufgewölbt, die die reichen Gasvorkommen von Stawropol enthalten, während das gefaltete Fundament in einer Tiefe von 2—4 Kilometern lagert. Die Vortiefe aber besteht aus zwei schmalen Rinnen, die sich an die Hänge des Bergrückens lehnen. Die neuen Ergebnisse erwiesen sich als sehr wichtig für die Suche nach Erdöl und Erdgas im Kaukasusvorland.

Die Sowjetregierung, die erstmalig in der Welt veranlaßte, Basisbohrungen über weite Räume anzusetzen, gab den Geologen unseres Landes die großartige Möglichkeit zur Erforschung des Erdinnern, und die Geologen erzielten hierbei große Erfolge. Die Basisbohrungen haben dazu beigetragen, den Tiefenbau der weiten Räume der Russischen Tafel sowie einiger Senken in den Geosynklinalgebieten zu erkunden. Mit der Anwendung der Basisbohrungen hängt eine Reihe bedeutender geologischer Entdeckungen zusammen. Dieser Methode ist es vorbehalten, eine hervorragende Rolle in der geologischen Erkundung und bei der Suche nach Bodenschätzen in den riesigen Weiten Sibiriens und Mittelasiens zu spielen.

Damit ist jedoch die Bedeutung der Basisbohrungen noch nicht erschöpft. Die Basisbohrungen können zur Lösung einer Reihe von Problemen der Geologie und Physik der Erde ausgenutzt werden. So wird z. B. nach den Untersuchungen P. I. LUKAWTSCHENKOs die Möglichkeit in Aussicht gestellt, gravimetrische Messungen in Basisbohrungen durchzuführen. Werden solche Messungen im Niveau der Oberfläche des Tafelfundaments durchgeführt, so kann man den Einfluß des Deckgebirges auf das Gravitationsfeld „ausschalten" und einer Klärung der Verteilung schwererer und leichterer Massen in den verhältnismäßig tiefen Zonen der Erdrinde näherkommen. Dies trägt wiederum dazu bei, Licht auf die Gesetzmäßigkeiten der Verteilung der wichtigsten Strukturelemente und auf die Natur der tektonischen Bewegungen auf den Tafeln zu werfen.

Die systematischen Temperaturmessungen bei Basisbohrungen (geothermische Messungen) gestatten es, die sich in der Erde abspielenden Wärmeprozesse zu erforschen. Auf der Grundlage solcher Messungen kann man die geothermische Tiefenstufe errechnen. Bei Moskau z. B. beträgt die geothermische Tiefenstufe 38,4 m, in den Gebieten, die noch unlängst von Gletschern bedeckt waren, beträgt sie über 150 m und in gefalteten, tektonisch aktiven Gebieten mit Thermalquellen unter 10 m, stellenweise sogar unter 2 m. Kennt man die geothermische Tiefenstufe und die Wärmeleitfähigkeit der Gesteine, so kann man die Kennwerte des Wärmestromes bestimmen, der aus den Erdtiefen zur Erdoberfläche gerichtet ist. Nach der Größe des Wärmestromes beurteilt man die Intensität der Wärmeprozesse in der Tiefe in den verschiedenen Teilen der Erde und

Zeitschrift für angewandte Geologie (1959) Heft 1

ihren Zusammenhang mit dem Charakter und der Intensität der Bewegungen der Erdrinde.

Überaus vielversprechende Perspektiven eröffnet die Untersuchung des Grades der Umwandlung (Metamorphose) der Gesteine aus den Kernen der tiefen Basisbohrungen. Besonders interessant ist die Untersuchung der Gesteine, aus denen die tiefsten Horizonte des Deckgebirges alter Tafeln bestehen. Das geologische Alter dieser Horizonte wird als präkambrisch oder riphäisch bestimmt, das absolute Alter aber kann sich auf annähernd 1 Milliarde Jahre belaufen. Zugleich wurden diese Gesteine, die einen Teil des Deckgebirges bilden, keinen starken dynamischen Beanspruchungen und keiner thermischen Einwirkung geschmolzener magmatischer Körper ausgesetzt, wie es doch bei Faltungsgebieten die Regel ist. Die statische Belastung der Deckgebirgsschichten, die einer Tiefe von 2—3 Kilometern entspricht, konnte an sich auch nicht die Ursache ihrer Umwandlung sein, da selbst bei Tiefen von 4—5 Kilometern und sogar in Schichten, die beträchtlich jünger sind und keine aktive dynamische und thermische Beanspruchung erfahren haben, keine merkliche Metamorphose zu beobachten ist. Folglich gestattet die Untersuchung der unteren Deckgebirgsschichten alter Tafeln, die Prozesse der Metamorphose festzustellen, die sich durch eine sehr lange Dauer auszeichnen. Die Untersuchung dieser Prozesse und ihrer Ergebnisse stellt ein neues, überaus weites und wichtiges Forschungsgebiet dar.

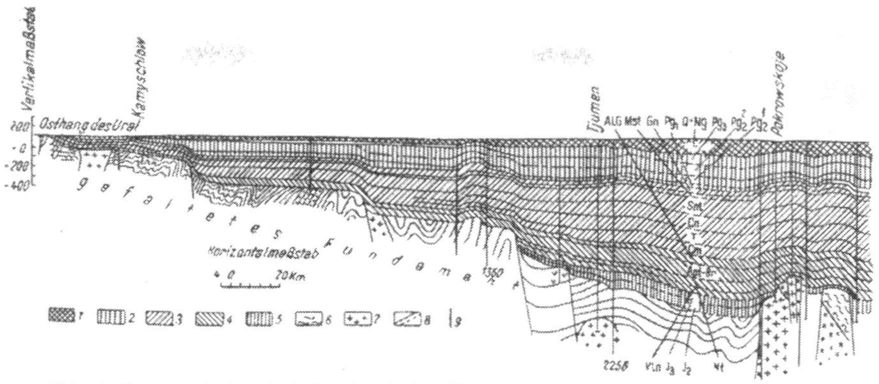

Abb. 4. Schematischer Schnitt durch den Westteil der Westsibirischen Tiefebene (nach W. N. SOBOLEWSKA)

1 — Quartärablagerungen; 2 — Paläogen und Neogen; 3 — Oberkreide; 4 — Unterkreide; 5 — Jura; 6 — Gefaltetes Grundgebirge; 7 — Intrusionen, die das Fundament durchdringen; 8 — Festgestellte und vermutete Brüche; 9 — Bohrungen (die Zahlen geben ihre Tiefe in Metern an)

Der Fragenkomplex, der in Zusammenhang mit der Auswertung von Basisbohrungen auftritt, ist sehr groß und erhält eine Reihe geologischer, geophysikalischer, hydrogeologischer und geochemischer Probleme. Die Spezialisten der verschiedenen Zweige der Geologie stellen an die Basisbohrungen immer neue Anforderungen, um möglichst viele wissenschaftliche und praktische Ergebnisse aus denselben zu erhalten.

Zur Paragenese der Flußspat-Schwerspat-Lagerstätte Hühn / Trusetal am SW-Rand des Thüringer Waldes

GÜNTER PRATZKA, Berlin

1. Einleitung

Die saxonisch herausgepreßte Thüringer-Wald-Scholle wird von Randstörungen begleitet. Zahlreiche im Gebirge auftretende Störungen springen bajonettartig ins Vorland und können die Randstörungen in unterschiedlichem Abstand und Richtung begleiten (Abb. 1).

Die annähernd vertikalen Bewegungen bildeten am Gebirgsrand zerrissene Flexuren, Bruchtektonik und Überschiebungen; im Vorland und Gebirge Verwerfungen, Grabenbrüche und kleine Horste. Nach Nordwesten klingen die Störungen in einfachen Flexuren aus.

Am SW-Rand des Ruhlaer Sattels liegen die Klinger- und Stahlbergstörung. Es sind Randspalten des Thüringer Waldes, an denen Verwerfungen stattgefunden haben. Beide Störungen streichen NW—SO im Abstand von etwa 2 km annähernd parallel nebeneinander. Die Dislokationsflächen werden von zahlreichen Fiederspalten begleitet, die vorwiegend als Mineralgänge ausgebildet sind.

Die Störungen und Mineralgänge liegen in alten paläozoischen Glimmerschiefern und Gneisen, in varistischen Graniten, Dioriten, Migmatiten und Porphyren, ferner in Sedimenten von Perm und Trias.

Die Flußspat-Schwerspat-Lagerstätte HÜHN liegt vorwiegend in Glimmerschiefer und Gneisglimmerschiefer. Die Gänge verlaufen auch an und in Porphyrgängen des Rotliegenden. An der Stahlbergstörung liegen die Mineralanreicherungen in Zechsteinkalken und im Buntsandstein.

Die Lagerstätten nordwestlich Trusetal Mommel, Vordere Mommel und Hofberg haben außer den o. a. Sedimenten Trusetalgranit als Nebengestein.

Die auch den Granit durchsetzenden Porphyrgänge sind z. T. zusammengesetzte Gänge, bei denen das sauerste Gestein in der Gangmitte ausgebildet ist (Abb. 2). So wurde ein ca. 30 m mächtiger Granitporphyr aufgeschlossen, der nach den Salbändern von 2 m Syenitporphyr und randlich von 0,5 m Kersantit begleitet wird. Die einzelnen Gesteine zeigen zu den Salbändern hin Übergänge. Der Granitporphyr hat z. B. eine 3—5 m breite Randzone, in der er felsitisch dicht ausgebildet ist.

Die Klinger Störung zeigt sich westlich Steinbach und streicht über Laudenbach nach Hohleborn (s. Abb. 1). Im Nordwesten liegt die Grenze Zechsteinkalk-Kristallin an der Klinger Störung. Nach Südosten verläuft die Störung im Trusetalgranit und Glimmerschiefer. Südlich der Klinger Störung liegt die Stahlbergstörung. Sie streicht von Bad Liebenstein über Trusetal nach Schmalkalden. Nördlich, südlich und zwischen den Störungen sind bruchtektonisch zahlreiche Nebenstörungen entstanden. Die beiden Hauptstörungen streichen NW—SO und fallen 70—90° NO ein. Die unmittelbar an den Störungen liegenden Fiedertrümer

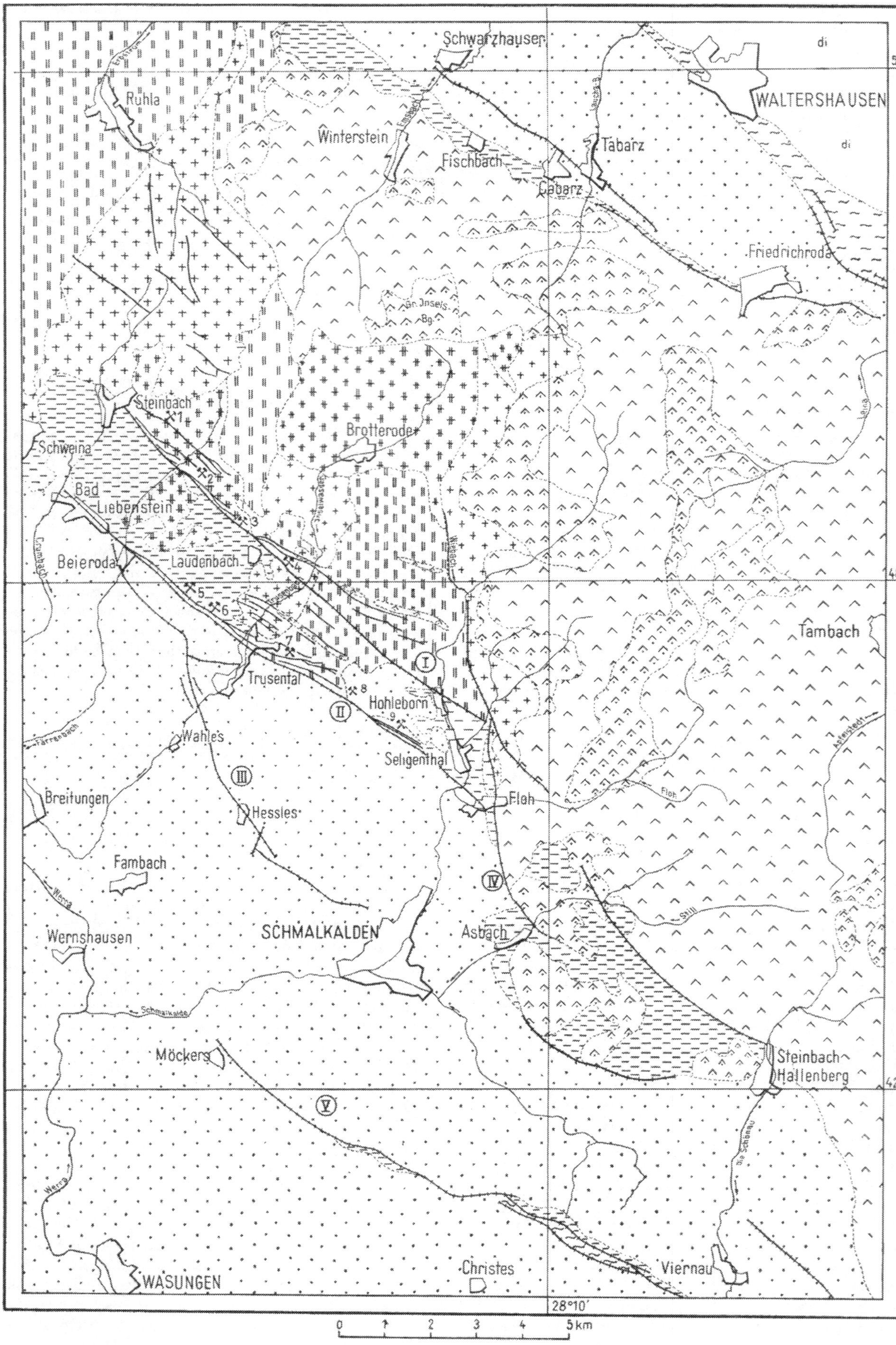

Abb. 1. Ruhlaer Sattel (Legende s. S. 29)

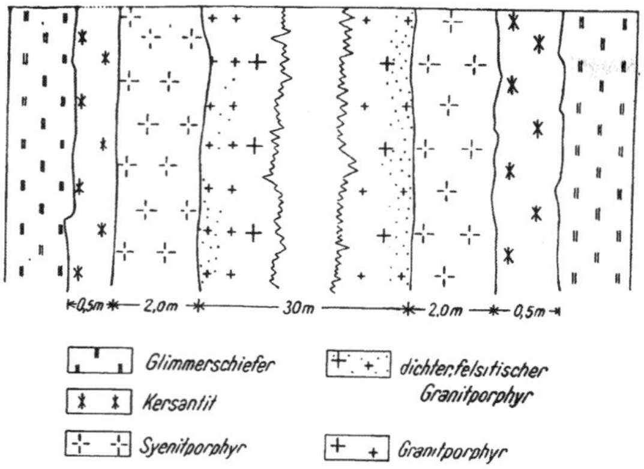

Abb. 2

werden im allgemeinen in den Begriff Stahlberg- oder Klinger Störung mit einbezogen. Für diesen Fall wäre die Bezeichnung Störungssystem günstiger. Die in der Literatur verbreitete Bezeichnung „Klinger Spalte" ist nicht zutreffend, bezieht sich aber nur auf die Dislokationsfläche. Die Minerallösungen sind auf den Randspalten (Dislokationsflächen der Stahlberg- und Klinger Störung) aufgestiegen und in die Fiederspalten abgewandert bzw. haben das unmittelbare Nebengestein verdrängt.

2. Die Flußspat-Schwerspat-Lagerstätte Hühn

Die Grube Hühn liegt südöstlich von Trusetal an der Straße nach Seligenthal/Schmalkalden. Die Auffahrungen der Grube, die sich bis Ende des Jahres 1955 auf das Gebiet des Hühnberges beschränkten, haben sich in der letzten Zeit auf den Galgenberg ausgedehnt.

Anfang des vorigen Jahrhunderts wurde auf den nördlichen Gängen Eisenerz abgebaut. Etwa um 1900 wurde der Schwerspatabbau aufgenommen. Der Flußspat der Hühnlagerstätte erlangte erst mit Aufschluß der beiden tieferen Sohlen wirtschaftliche Bedeutung. Zur Zeit wird Flußspat am Klaubeband ausgelesen und als „Flußspatstücke" verkauft.

Auf der Grube Hühn sind zur Zeit drei Sohlen befahrbar. Die Talsohle (T. S.), die erste Tiefbausohle (1.-S.) und die zweite Tiefbausohle (2.-S.). Auf der oberen und mittleren Stollensohle (O. St.-S. und M. St.-S.) ist die Lagerstätte abgebaut und die Auffahrungen sind zum größten Teil verbrochen. Der Sohlenabstand ist von oben nach unten: 22, 19, 35, 46 m.

Die auf der Lagerstätte vorkommenden Hauptmineralien sind: Siderit, Ankerit, Kalkspat, Flußspat, Schwerspat, Quarz und Eisen-Mangan-Hydroxyde (durch Umwandlung der Karbonspäte in der Oxydationszone). Ferner wurden geringe Mengen bzw. Spuren von Kupferkies, Schwefelkies, Arsenkies, Cu-Bi-Sulfide sowie die Oxydationsprodukte von Kupferkies, wie Bornit, Covellin, Malachit usw. festgestellt.

Der Siderit ist reich an isomorphen Beimengungen. Durch Analysen wurden ca. 5—10% Mn, 1—2% Mg und 1—3% Ca ermittelt. Seine Farbe ist grau bis gelblich grau.

Der Siderit kommt kristallin-körnig vor und kann in Ankerit bzw. Kalkspat übergehen. Von letzteren Mineralen wird er vielfach verdrängt, wobei das Fe fortgeführt wird.

Beim Ankerit bewegt sich das Verhältnis Fe:Mg in weiten Grenzen. In den Ankeriten des Hühn können auch 1—3% Mangan vorkommen. Der weißlichgraue bis gelbe Ankerit tritt meistens in dichten, körnigen Massen auf. Im allgemeinen verhält sich der Ankerit wie der Siderit; er oxydiert nur etwas langsamer.

Kalkspat hat stets kleine Mengen Fe, Mn und Mg in isomorpher Mischung eingelagert und ist vorwiegend grobspätig ausgebildet. Bis auf einige Ausnahmen wurde ein Fe-Gehalt von ca. 1% und ein Mg-Gehalt von 0,5% bis maximal 1% festgestellt. Der Kalkspat hat eine weiße bis schwach hellrosa Farbe. Auf der Hühnlagerstätte ist er, wie der Ankerit, weit verbreitet. In den 2—3 cm großen Kalkspatkristallen erkennt man unter dem Mikroskop ganz kleine Ausscheidungen von Ankerit. Vor der Quarzlampe fluoreszieren die Kalkspäte vom Hühn kräftig rot bis hellrot, Ankerite und Siderite nicht.

Flußspat ist nicht auf allen Fiedertrümern vertreten. Während er auf dem Floßberggangzug fast ohne Schwerspat ansteht, kommt er auf den Gängen des Hühn mit Schwerspat vor. Flußspat hat die Farben: grüngrau, graublau, blau, violett und farblos. Die älteren Flußspäte haben die kräftigeren Farben.

Die jüngeren Flußspäte fluoreszieren etwas stärker als die älteren. Bei geringer Verquarzung oder Schwerspatführung ist die Fluoreszenz bedeutend schwächer. Bei den violetten Flußspäten fehlt sie ganz. Einige zeigen am Salband Zonarstruktur und können randlich farblos sein. Die violette Farbe nimmt zur Gangmitte schnell ab Im Baryt sind idiomorphe Flußspatwürfel verhältnismäßig selten, da der Flußspat gewöhnlich als Zwickelfüllung ausgebildet ist.

In besonders grobspätigem Baryt wurden Würfel mit maximal 4 cm Kantenlänge beobachtet. Auf der Hühnlagerstätte verhält sich Flußspat zu Baryt ungefähr wie 1 : 3. Flußspat wird im allgemeinen etwas leichter ausgelaugt als Baryt.

Schwerspat ist das weitest verbreitete Mineral auf der Hühnlagerstätte. Er ist feinkristallin bis grobspätig und weiß bis rosa gefärbt. Die Rotfärbung hängt von der Einlagerung an Eisenoxydationsprodukten ab. Verf. konnte beobachten, daß 1—10 cm starke Baryttrümchen, die aus einem 1—2 m mächtigen weißen Baryttrum abscharen, bei ihrem Eintritt ins Nebengestein eine rosarote Farbe annehmen. Schwache Barytrümer führen meistens rötlichen Schwerspat. Im oberen Teil der Oxydationszone ist der Baryt stellenweise ausgelaugt und durch umgelagerten Quarz ersetzt worden.

Beim Quarz können verschiedene Ausbildungen unterschieden werden: idiomorpher Kristallquarz, hornsteinartiger Gelquarz, milchigtrüber dichter Quarz und und ein roteisenführender Quarz mit Fettglanz auf den

Legende zu Abb. 1

Glimmerschiefer	(I) Klinger Störung	1 Fortschritt/Steinbach
Gneis	(II) Stahlberg-Störung	2 Arminius/Atterode
Granit	(III) Heßleser-Störung	3 Klinge/Laudenbach
Rotliegendes	(IV) Floher-Störung	4 Hubelsberg/ -"-
Porphyre (Rotl.)	(V) Viernauer-Störung	5 Mommel/Trusental
Zechstein	Störungen	6 Vordere Mom./-"-
Buntsandstein	Mineralgänge	7 Hühn/ -"-
Muschelkalk	Bach	8 Erzschwinde/Seligenthal
⚒ Bergwerke	9 Stahlberg/Seligenthal	

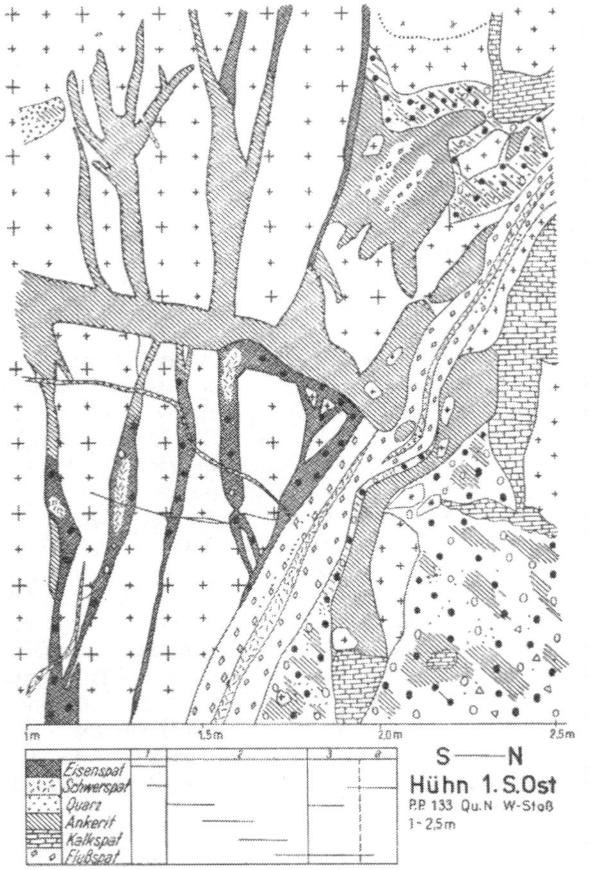

Abb. 3

Bruchflächen. Letzterer bildet in den stark gefalteten Glimmerschiefern und Gneisen Knauern und kann über einen Meter mächtig werden. Diese Quarzanreicherungen dürften älter sein als die Fiederspalten und die saxonische Mineralisation. Die anderen Quarzarten kommen in den Fiederspalten vor und können durch Umlagerung aus dem Nebengestein, oder primär zugeführt, entstanden sein. Bei den Umlagerungen überwiegen die hornsteinartigen und dichten Varietäten.

Der Anteil der sulfidischen Erze an der Hühnlagerstätte dürfte kleiner als 1% sein. Das Verhältnis Kupferkies : Pyrit : Arsenkies ist etwa wie 95:4:1.

Kupferkies ist ein typischer Durchläufer. Das umgelagerte Oxydationsprodukt Malachit täuscht die frühere Anwesenheit größerer Mengen Kupferkies vor.

Pyrit tritt vorwiegend am Salband idiomorph im Quarz und Kupferkies auf.

Der größte Teil der Brauneisenerze ist durch Oxydation der Karbonspäte entstanden. Der Rest stammt vom Kupferkies, Pyrit und den Nebengesteinen der Oxydationszone. Es haben beachtliche Umlagerungen und Anreicherungen stattgefunden. (Bildung eines Eisernen Hutes besonders auf dem nördlichen Eisenerzgang der Hühnlagerstätte). Das erdige, mulmige Brauneisenerz altert und rekristallisiert zu derbem Brauneisenerz, das Gelstrukturen hinterläßt.

3. Untersuchungen zur Aufstellung einer Altersfolge auf der Hühnlagerstätte

Die Auswertung der Lagerstättenkartierung ergab brauchbare Anhaltspunkte über Altersunterschiede, die später durch Spezialkartierungen, Schliffuntersuchungen und Analysen ergänzt und bekräftigt wurden. Es zeigte sich, daß zwischen einfachen und zusammengesetzten Gängen unterschieden werden muß. Ferner ließ sich ein primärer Teufenunterschied feststellen. Schwerspat geht nach der Teufe über Flußspat in primären Quarz über.

Durchtrümerungen und Einschlüsse von Gangmaterial und Nebengestein deuteten darauf hin, daß der in den Querschlägen 10 und 11 auf der 1.-S. aufgeschlossene Gang aus mehreren Abfolgen bestehen könnte.

Der Gang führt vom Salband zur Gangmitte: Siderit mit Nebengesteinseinschlüssen, Ankerit und Kalkspat mit Flußspat und wenig Schwerspat sowie Einschlüssen von Siderit, dann mit einer Quarzlage als Ablösen Flußspat mit Schwerspat und Einschlüssen von Ankerit bzw. Kalkspat mit Flußspat. Der Flußspat in der Gangmitte hatte außer den Einschlüssen keinen Kalkspat.

Von diesem zusammengesetzten Gang gehen zahlreiche Trümchen ins Nebengestein. Sie haben unterschiedliche Mineralführung. Einige Trümchen führen nur Siderit, andere Quarz, Ankerit, Kalkspat, Flußspat, Baryt bzw. Quarz, Flußspat, Baryt und sind karbonspatfrei.

Spezialkartierungen ließen Durchtrümerungen und die vollständigen Abfolgen erkennen (Abb. 3).

Der Flußspat in der Gangmitte war hier die jüngste Abscheidung. Er führt stellenweise reichlich Baryt und kann bei geringer Mächtigkeit vollständig verquarzen. Charakteristisch ist, daß er frei von Karbonspäten ist, abgesehen von den Einschlüssen älterer Abfolgen.

Die Kartierung (Abb. 3) zeigt, daß der beim zusammengesetzten Gang am Salband auftretende Siderit in Nebentrümern (u. a. O. im Hauptgang) Baryt führt und von jüngerem Quarz und Ankerit verdrängt werden kann.

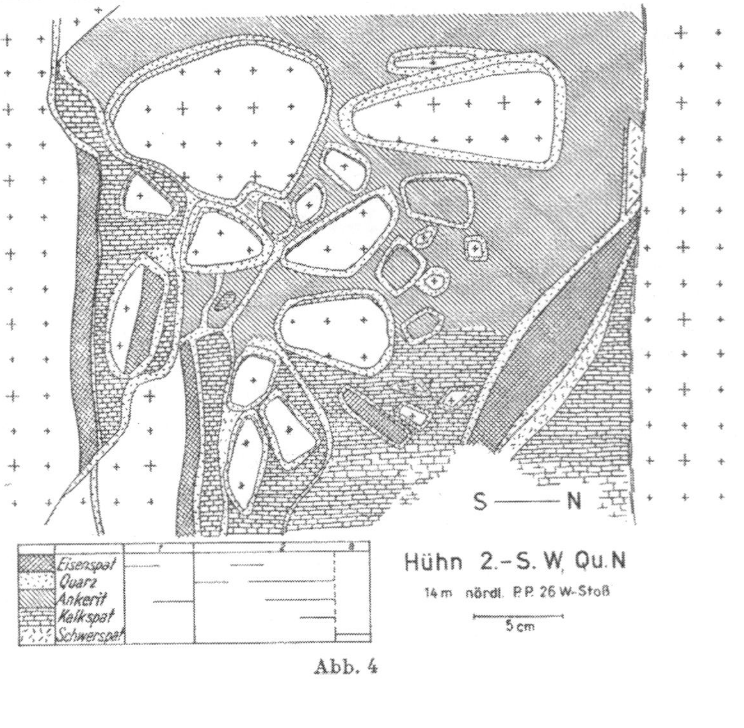

Abb. 4

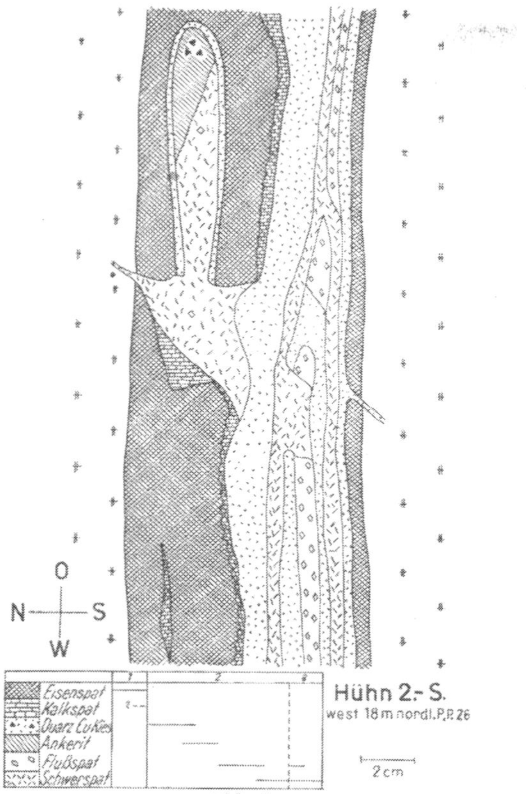

Abb. 5

Beim Polygonpunkt (P.P.) 136 konnte an der Firste Gleichartiges beobachtet werden. Nur kommt hinzu, daß die älteren Karbonspatabscheidungen Siderit-Baryt und Quarz-Ankerit ca. 80° streichen und von dem jüngeren Quarz-Flußspat-Schwerspat-Trum mit 50° Nebenstreichen durchtrümert werden. Der zusammengesetzte Gang beginnt sich hier im Ostfeld zu zerschlagen, und die Einzeltrümer ändern die Streichrichtung und vertauben.

Aufschlüsse auf der 2.-Sohle West deuten darauf hin, daß der Quarz, der die Ankeritabscheidung einleitet und die im Ankerit vorkommenden Sideriteinschlüsse umkrustet, z. T. primär zugeführt sein muß (Abb. 4). Es konnte an zahlreichen Einschlüssen von Siderit und Nebengestein beobachtet werden, daß unter dem Kristallquarzrasen eine einseitige Gelquarzmütze bzw. -belag ausgebildet ist, der wahrscheinlich auf aus dem Nebengestein umgelagerten Quarz zurückzuführen ist. Das Gebirge ist stellenweise stark zerrüttet und zerbrochen und durch schwefel- und kupferkiesführenden Kristallquarz breccienartig verkittet worden. Die Sulfiderzführung und die Anordnung im Raum spricht für die Einwirkung von juvenilen Thermallösungen und gegen ein längeres Offenstehen der Spalten und Zerrüttungszonen.

Anschliffuntersuchungen zeigten, daß dieser Quarz und die jüngeren Karbonspäte, vorwiegend Ankerit, bei zusammengesetzten Gängen den älteren Siderit (durch den Quarz hindurch) intensiv verdrängen. Ankerit wird wiederum von dem nachfolgenden Kalkspat verdrängt (Abb. 5 u. 6). Makroskopisch ist diese Verdrängung nur schwer zu erkennen. Der Siderit wird zum Quarz und Ankerit hin etwas heller und zeigt ein fleckiges Aussehen. Der Siderit hat am Salband keinen Quarz, trotzdem er im Glimmerschiefer steht, der zahlreiche Quarzschlieren enthält.

Quarz-, Eisenglanz- (Karbonspat)-Trümer, die in mehreren Lagerstätten (Floßberggang, Hübelsberg u. a.) beobachtet wurden, treten auch in der Hühnlagerstätte auf und werden von der 2. Abfolge durchtrümert. Sie sind also älter als die 2. Abfolge.

Die bisher auf der Lagerstätte Hühn beobachteten Trümchen sind nach Anzahl und Mächtigkeit unbedeutend und reichten zur Bestimmung der Altersstellung bei den angewandten Untersuchungsmethoden nicht aus. Auf den benachbarten Lagerstätten der 2 km nördlich gelegenen Klingerstörung zeigen Eisenglanz-Quarz-Karbonspat-Trümer durch Streichen, Einfallen und Ausbildung, daß sie zur saxonischen Mineralisation gehören und hier, wahrscheinlich als Vorphase, die älteste Abscheidung darstellen.

Auf der Lagerstätte Hühn konnten bei derartigen Mineralanreicherungen noch keine Gesetzmäßigkeiten festgestellt werden. Die beobachteten Trümchen waren maximal 15 mm mächtig und lagen regellos im Nebengestein (Lamprophyrische Ganggesteine). Wahrscheinlich sind es Differentiate oder Umlagerungen des Nebengesteins.

Wird von der auf der Lagerstätte Hühn noch nicht nachgewiesenen Quarz-Eisenglanz-Karbonspat-Vorphase abgesehen, so können schon eine Siderit-Baryt-Abfolge als 1. oder Hauptsideritabfolge, eine Quarz-Ankerit-Kalkspat-Flußspat-Schwerspat-Abfolge als 2. oder Hauptankeritabfolge und eine Quarz-Flußspat-Schwerspat-Abfolge als 3. Abfolge ausgeschieden werden.

Nachdem die Hauptmerkmale bekannt waren,

1. Abfolge: barytführende Karbonspäte sind CaF_2-frei,
2. Abfolge: Karbonspäte führen CaF_2 und sulfid. Erze,
3. Abfolge: Flußspat und Schwerspat sind frei von Karbonspäten,

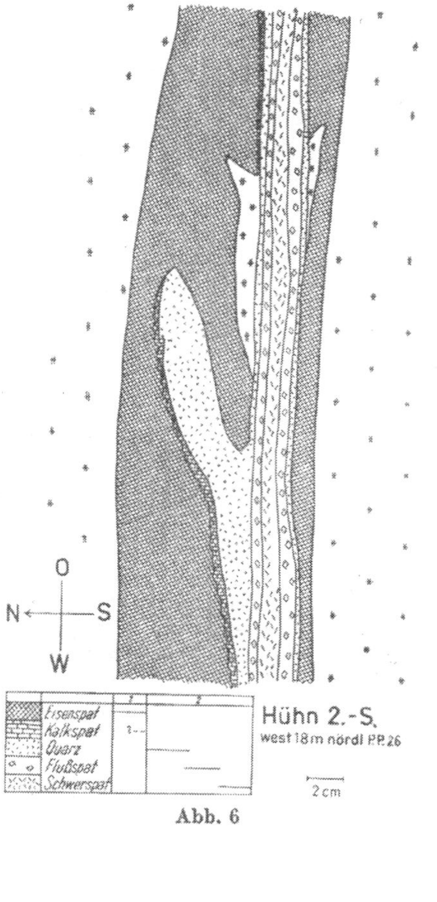

Abb. 6

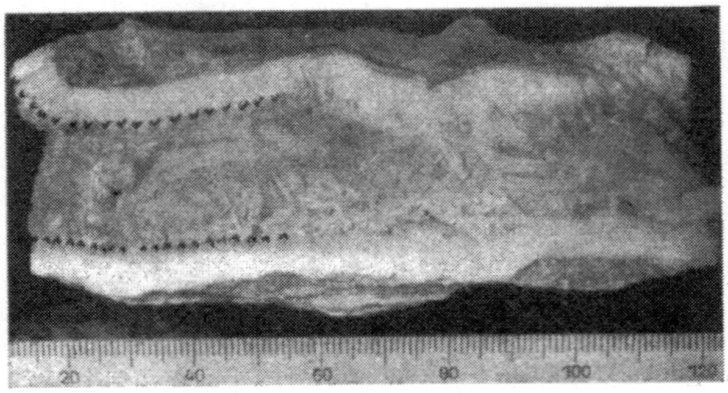

Abb. 7

wurden die Abfolgen näher untersucht und vervollständigt. Die Abfolgen 4 und 5 konnten abgegrenzt und ausgeschieden werden.

Es zeigte sich, daß während der Mineralisation in den einzelnen Abfolgen die Spaltenöffnung andauerte bzw. sich dauernd neue Spalten bildeten und andere nicht weiter geöffnet wurden. Dadurch können die Abfolgen unvollständig ausgebildet sein. So führen zahlreiche Gänge nur Siderit oder Schwerspat der 1. Abfolge. Sie waren entsprechend nur am Anfang bzw. am Ende der Abfolge geöffnet. Verschiedene Gänge sind stellenweise aus allen Abfolgen zusammengesetzt und können die ganze Mineralparagenese aufweisen.

Abb. 7 zeigt ein Trümchen der 2. Abfolge. Die Salbänder sind mit Kristallquarz besetzt, der die 2. Abfolge einleitete. Zwischen den Quarzlagen ist Ankerit mit etwas Kupferkies, der von einem grobspätigen Baryt durchtrümert wird, abgeschieden worden. Da der Baryt bisweilen den Gang verläßt und ins Nebengestein setzt, bzw. sich hinter Quarz am Salband einschiebt, kann am Ende der 2. Abfolge mit einer erneuten, geringen Spaltenöffnung gerechnet werden. Nur die Trümer der 2. Abfolge führen Kristallquarz am Salband, die zu Beginn der Abfolge geöffnet wurden.

Die Aufschlüsse auf den tieferen Sohlen (1. und 2.-Sohle) und der primäre Teufenunterschied ermöglichten die makroskopische Unterscheidung der 3. und 4. Abfolge.

Unter der Talsohle zeigten diese Abfolgen an einigen Stellen folgendes Bild:

Die Abscheidungen der 3. Abfolge begannen mit größeren Mengen dichtem Quarz, dann Flußspat mit Lagen von Quarz. Der Flußspat wurde anschließend sehr rein abgeschieden und geht im letzten Drittel der Abfolge plötzlich in grobspätigen Baryt über, der nur noch eine geringe Flußspatführung (in der Regel $< 25\%$) hat.

In der stellenweise über 3 m mächtigen 3. Abfolge tritt die 4. Abfolge in der Form eines sich nach oben schnell erweiternden Schwerspatkeiles auf (Abb. 8). Dieser Schwerspat ist feinkristallin, lagig ausgebildet und hat nur wenige Prozente Flußspat. Die 4. Abfolge kann in den mächtigen Gängen am Salband oder an jeder anderen Stelle ausgebildet sein. Es kam zu einer erneuten Spaltenbildung und die alten Gänge sind an einigen Stellen im Streichen und Einfallen von Salband zu Salband diagonal aufgerissen. Mitunter fehlt die 4. Abfolge ganz oder ist als ein wenige Zentimeter breites Quarz-Baryt-Band vorhanden. Im Niveau der Talsohle hat die 4. Abfolge Mächtigkeiten von über 2 m und unterscheidet sich makroskopisch meistens nicht von der 3. Abfolge. Beide Abfolgen sind durch vorwiegend lagig abgeschiedenen Flußspat und Schwerspat vertreten. Die einzelnen Lagen können wechselnd grob- und feinspätig sein. Der Schwerspatanteil ist meist höher als 70%. Flußspat tritt als Zwickelfüllung in grobspätigem Baryt auf. Es wurden auch Flußspatwürfel mit 4 cm Kantenlänge beobachtet.

Da beide Abfolgen (3. und 4.) die gleichen Minerale führen, und die 4. Abfolge in der Regel auf Gängen mit der 3. Abfolge auftritt, sowie über der Talsohle keine bedeutenden Unterschiede bestehen, können sie als eine große Abfolge zusammengefaßt und die 4. Abfolge als ein großer Schwerspatnachschub mit einer weiten keilartigen Spaltenöffnung betrachtet werden.

Im Westfeld der 1. Sohle (bei Überhau 1) gibt der 30 cm breite Schwerspat der 4. Abfolge zahlreiche 2—5 cm mächtige Quertrümchen ab, die als weiße Adern den graugrünen Flußspat durchziehen. Diese Quertrümchen sind später an ihren Rändern oder in der Mitte aufgerissen. Es hat sich umgelagerter Karbonspat abgesetzt. Durch Bildung von Brauneisen lassen sich die Quertrümer leicht verfolgen.

Eine jüngere Verquarzung, die besonders auf der 2.-Sohle West flächenartig und schlauchförmig aufsteigend Fluß- und Schwerspat sowie Karbonspäte stellenweise intentiv verdrängt hat, wird als 5. Abfolge bezeichnet. Es ist ein auf Zerrüttungs- und Scherzonen primär zugeführter feinkristalliner oder hornsteinartig dichter Quarz. In welcher Tiefe die Gänge vollständig verquarzt sind, müßte erst durch U. T.-Bohrungen fest-

Tabelle Abfolgen auf der Lagerstätte Hühn

Tektonik	Abfolge	Mineral		Verbreitung
1. gr. Spaltenbildung				
	1. (Hauptsiderit)	Siderit	I	
		Ankerit	I	
		Calcit	I	
		Baryt	I	
2. gr. Spaltenbildung u. Auffiederung				
	2. (Hauptankerit)	Arsenkies		
		Pyrit		
		Kupferkies	I	
		Quarz	I	
		Siderit	II	
		Ankerit	II	
		Calcit	II	
		Flußspat	I	
		Baryt	II	
3. kl. Spaltenbildung				
	2a. (Barytnachschub)	Quarz	Ia	
		Flußspat	Ia	
		Baryt	IIa	
4. gr. Spaltenbildung				
	3. (Hauptflußspat)	Quarz	II	
		Kupferkies	II	
		Flußspat	II	
		Baryt	III	
5. keilartiges Wiederaufreißen				
	4. (Hauptbaryt)	Quarz z. T. umg.	III	
		Baryt mit	IV	
		Flußspat	III	
5. Querrisse u. Ruschelzonen				
	4. (Hauptquarz)	Quarz	IV	
6. Scherbewegungen, Querrisse, Verwerfungen, Aufschiebungen				
	Umlagerungen	Quarz		
		Ankerit		
		Calcit		
		Baryt		
	Umwandlungsprodukte der Oxydationszone	Bornit	Brauneisen	
		Covellin	Manganoxyde	
		Malachit		

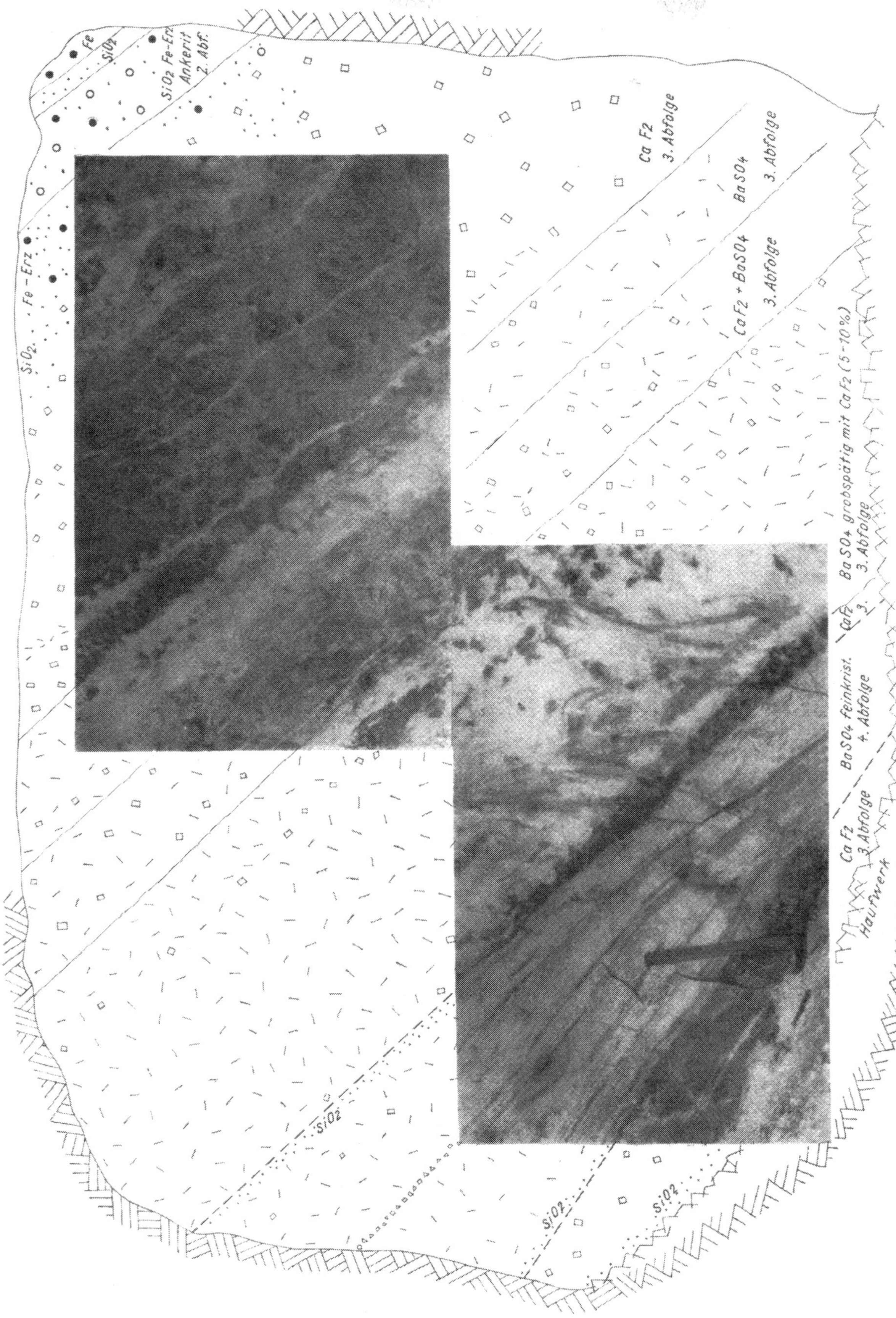
Fe
SiO_2
SiO_2 Fe-Erz Ankerit 2. Abf.
CaF_2 3. Abfolge
$BaSO_4$ 3. Abfolge
$CaF_2 + BaSO_4$ 3. Abfolge
$BaSO_4$ grobspätig mit CaF_2 (5–10%) 3. Abfolge
CaF_2 3.
$BaSO_4$ feinkrist. 4. Abfolge
CaF_2 3. Abfolge
Haufwerk
SiO_2 · Fe-Erz
SiO_2
SiO_2
SiO_2

Abb. 8

gestellt werden. Im Ostfeld der 2.-Sohle waren 1957 noch keine derartigen Verquarzungen angetroffen worden. Es ist anzunehmen, daß der verhältnismäßig quarzarme Fluß- und Schwerspat noch 10—15 m unter der 2.-Sohle in wirtschaftlich interessanter Mächtigkeit ansteht.

Umlagerungs- und Oxydationsprodukte, die sich während oder besonders nach der Mineralisation auf den Spalten abgesetzt haben, tragen bei den angewandten Untersuchungsmethoden kaum zur Klärung der Abfolgen bei.

Die Ankerite, die auf Quertrümern alle Abfolgen durchschneiden können, sind nach Meinung des Verfassers Umlagerungen. Für eine Ankeritabfolge am Ende der Mineralisation wurden keine beweisfähigen Anhaltspunkte festgestellt.

Die vom Quarz der 5. Abfolge verdrängten Minerale, besonders Ankerit, treten vielerorts als Abscheidungen auf, die jünger sind als die 4. bzw. 5. Abfolge. Diese Umlagerungen sind in den Übergangszonen zur totalen Verquarzung besonders häufig zu beobachten.

Die sulfidischen Erze der 2. Abfolge wurden vom jüngsten Quarz übernommen bzw. stark korrodiert. Die Verdrängung und Umlagerung sowie die jüngere Verquarzung bedürfen noch einer eingehenden Untersuchung, um daraus evtl. Gesetzmäßigkeiten oder Hinweise abzuleiten, die für die Erkundung nach der Tiefe für die Lagerstätte Hühn von Bedeutung sein können.

Zusammenfassung

Auf der Lagerstätte Hühn war es möglich, mehrere Abfolgen voneinander zu trennen und altersmäßig einzuordnen (s. Tab.).

Der Siderit I, der im Laufe der 1. Abfolge barytführend wird, ist älter als der Flußspat und Schwerspat der 3. und 4. Abfolge und muß von diesen deutlich getrennt werden.

Die 3. und 4. Abfolge kann als Flußspat-Schwerspat-Abscheidung zusammengefaßt werden.

Die 2. Abfolge fällt durch die Anreicherung der sulfidischen Erze aus dem Rahmen und bildet durch das Ausklingen der Karbonspatabscheidung und das Einsetzen der Flußspatführung eine Übergangsabfolge zwischen der 1. großen Gruppe (1. Abfolge) und der 2. großen Gruppe (3. u. 4. Abfolge).

Die jüngere Verquarzung könnte als 3. Gruppe ausgeschieden werden, bleibt aber mengenmäßig hinter der 1. und 2. Gruppe stark zurück.

Geräte für ingenieurgeologische Erkundungsarbeiten in der Sowjetunion

RICHARD KÖHLER, ALFRED THOMAS, Berlin, & FRITZ REUTER, Jena

Neben der gut organisierten ingenieurgeologischen Mitarbeit und Begutachtungstätigkeit für den Städte- und Industriebau und den systematischen Kartierungsarbeiten für die Zwecke der Stadtplanung, des Wasser- und Talsperrenbaues, worüber wir in dieser Zeitschrift berichteten, konnten wir bei unserem Besuch in Moskau im Herbst 1956 auch eine andere Seite des ingenieurgeologischen Arbeitsgebietes kennenlernen, nämlich die ingenieurgeologische Erkundungsarbeit im Gelände. Sehr eindrucksvoll war dabei für uns die Anwendung mechanisierter und motorisierter Bohrausrüstungen für die ingenieurgeologischen Erkundungsbohrungen und Baugrunduntersuchungsbohrungen.

Auf einem neu zu erschließenden Baugelände in der Umgebung von Moskau wurde uns ein Schürfauto („Schürfgraber SchKM - 1") vorgeführt (Abb. 1). Mit diesem Gerät können im Lockergestein in verhältnismäßig kurzer Zeit Schürflöcher mit 65 oder 90 cm Durchmesser bis zu einer Tiefe von 8 m ausgehoben werden. Die Leistung beträgt durchschnittlich 3 m in der Stunde. Der Bedienungstrupp besteht aus 3 Mann einschließlich des Fahrers.

Das Schürfgerät ist in einem Omnibus mittlerer Größe eingebaut (Abb. 2). Im mittleren Teil des Wagens zwischen Fahrersitz und Schürfgerät ist ausreichend Platz für die Bedienungsmannschaft und für die Unterbringung von Arbeitsgeräten und Ersatzteilen. Der Antrieb des rotierenden Schürfgerätes erfolgt vom Motor aus über eine oberhalb der Kardanwelle gelegene Antriebswelle, die über eine Zwischenwelle mit dem Gestänge verbunden ist. Am unteren Ende des Gestänges befindet sich eine große Schappe, die vom Fahrersitz aus mittels Seilzug gehoben und gesenkt werden kann. Diese Schurfschappe hat einen Durchmesser von 65 cm; das entspricht der am meisten üblichen Schurfgröße. Wird ein größerer Durchmesser gewünscht, so kann der Lochdurchmesser durch zwei am oberen äußeren Rand der Schappe angebrachte Ausleger auf 90 cm erweitert werden. Werden Steine angetroffen, so muß der Arbeitsgang unterbrochen und das Gerät ausgefahren werden, damit die Steine zerkleinert werden können.

Sobald die Schappe gefüllt ist, wird sie durch Seilzug ausgefahren und bis zur Höhe der Plattform des Wagens gehoben. Nach Öffnen zweier Klappen fällt das Bohrgut nach beiden Seiten aus der Schappe heraus auf zwei vorher ausgelegte Drahtnetze. Nach Einstellung der Schürfung werden die Drahtnetze mit dem Bohrgut, ebenfalls durch Seilzug, angehoben und der Boden wird auf diese Weise wieder in das Loch geschüttet. Zum Beleuchten des Schürfloches dient eine besondere Scheinwerferlampe.

Bei nicht bindigen Bodenarten wird das Schürfloch durch Betonringe gesichert. Die Betonringe haben

Abb. 1

Abb. 2

Fenster, durch die aus der Schurfwand gestörte und ungestörte Bodenproben entnommen werden können. Während der Schürfarbeit steht ständig ein Geologietechniker zur Verfügung, der die Entnahme von Bodenproben für die Laboratoriumsuntersuchungen überwacht, alle notwendigen Aufzeichnungen macht, die Schichtenfolge aufnimmt und bei Erreichen des ingenieurgeologischen Zieles die Schürfung sofort einstellen läßt.

Auf einem gänzlich anderen Prinzip beruhen die Arbeitsmethoden, bei denen für das Eindringen der Bohrgeräte in den Boden Vibratoren verwendet werden. Ursprünglich benutzte man Vibratoren in der Sowjetunion vor allem für das Einrammen von Spundwänden. Inzwischen hat die Anwendung der Vibratoren bei der Niederbringung von Bohrungen durch die Organisationen, die ingenieurgeologische Erkundungs- und Untersuchungsarbeiten durchzuführen haben, weite Verbreitung gefunden. Dabei wurde eine ganze Reihe von Systemen und Typen entwickelt. In der Hauptsache unterscheidet man zwei Verfahren, nämlich das Arbeiten mit dem Vibrator und mit dem Vibrierhammer. Das Arbeiten mit diesen Geräten erfolgt von einem fahrbaren Kran aus. Dieser besteht aus einem Lkw mit einer darauf montierten schwenkbaren Krananlage. Beim Transport wird der Kran nach vorn gedreht und ruht dann über dem Fahrerhaus des Lkw. Beim Einsatz des Gerätes im Gelände wird der Kran nach hinten ausgeschwenkt und durch eine Stahlsäule, die gleichzeitig als Gleitschiene dient, abgestützt. An dieser Schiene gleitet das Vibrationsgerät, durch das ein Rohr in den Boden hineingedrückt wird (Abb. 3). Dieses Rohr hat eine Aussparung, die je nach der Art des Bodens $^1/_4$ bis $^1/_3$ des Rohrumfanges beträgt. Der Durchmesser der Rohre beträgt zwischen 75 und 168 mm. Bei größerer Tiefe wird auf das Bohrrohr ein Gestänge aufgesetzt.

Bei sandigen Böden wird überwiegend der Vibrierhammer verwendet. Er hat ein Gewicht von rund 100 kg. Als schlagendes Aggregat dient ein Vibrator, bei dessen Schwingungen Schläge auf einen fest mit dem Bohrgerät verbundenen Schlagkopf übertragen werden. Bei der Besichtigung konnten wir feststellen, daß eine Schicht zwischen 6,8 und 8,0 m Tiefe in 30 Sekunden durchfahren wurde. Für das 8 m tiefe Bohrloch waren insgesamt 30 Minuten erforderlich. Die angegebenen Zeiten gelten jedoch nur für den Fall, daß keine größeren Steine vorkommen, die erst gemeißelt werden müssen.

Bei bindigen Böden verwendet man einen Vibrator, der schneller und geräuschloser als der Vibrierhammer

Abb. 3

arbeitet. Das Gewicht dieser Vibratoren beträgt bis 400 kg. Der Antrieb erfolgt durch einen Elektromotor, der wiederum durch den Dieselmotor des Lkw betrieben wird.

Die Tiefenkapazität des Gerätes beträgt 25 m. Die Entnahme von Proben in ungestörtem, natürlichem Zustande ist möglich. Der Bohrtrupp besteht aus 3 Mann. Anläßlich der Besichtigung konnten wir feststellen, daß bei sandiger Bodenart ein Bohrfortschritt von 60 cm in 15 Sekunden erreicht wurde.

Außer diesen mechanisierten Bohrausrüstungen werden selbstverständlich auch noch Handbohrgeräte verwendet. Das Bohrwerkzeug besteht aus einer Schappe von 6—8 cm Durchmesser oder einem Spiralbohrer. Diese Werkzeuge sind an einem Gestänge von 3—4 cm Stärke angebracht. Diese Bohrgeräte werden in den oberen Schichten von 2 Mann, in den tieferen Schichten, besonders bei schwerem, bindigem Boden, von 4 Mann bedient. Das Heben des Bohrgerätes erfolgt mittels eines Hebels, der in eine Gabel ausläuft; das Gestänge wird dann Zug um Zug emporgehoben.

Auch bei diesen Arbeiten stellten wir fest, daß für diese 4köpfige Bohrbrigade ein Geologieingenieur zur Aufnahme der Bohrergebnisse tätig war.

Abschließend kann gesagt werden, daß die Erfüllung der ingenieurgeologischen Aufgaben bei dem sich immer mehr steigernden Aufbau der Stadt Moskau nur durch den Einsatz neuer, vor allem mechanisierter Bohrausrüstungen möglich ist.

In der Deutschen Demokratischen Republik werden Baugrunduntersuchungsbohrungen bis heute noch in der althergebrachten Bohrweise mittels Bohrbock und Handbetrieb niedergebracht. Unseren langjährigen Bemühungen, mechanisierte, fahrbare Bohrgeräte zur Entnahme von gestörten wie auch vor allem ungestörten Bodenproben wenigstens bis zu einer Tiefe von 10 m zum Einsatz zu bringen, haben leider bisher noch keine greifbaren Erfolge gezeitigt. Um nicht mit Entwicklungs- und Konstruktionsarbeiten noch mehr kostbare Zeit zu verlieren, erscheint es zweckmäßig, von der Sowjetunion dort bereits seit Jahren praktisch erprobte, mechanisierte, fahrbare Bohrgerätschaften zu beziehen.

Literatur

KÖHLER, R., A. Thomas & F. REUTER: Ingenieurgeologische Arbeitsmethoden in der Sowjetunion. — Z. angew. Geol. 1958, Heft 11 S. 517—521.

Ein neues Gießharz als Einbettungsmittel für An- und Dünnschliffe

HANS-JOACHIM BAUTSCH & ALFRED RICHTER
Mineralogisch-Petrographisches Institut der Humboldt-Universität zu Berlin

Als Einbettungsmittel zur Haltbarmachung und Stabilisierung des Gefüges von lockeren und porösen Materialien, von denen An- oder Dünnschliffe für die mikroskopische Untersuchung angefertigt werden sollen, sind in den letzten drei Jahrzehnten durch die Entwicklung in der Kunststoffchemie eine Reihe von Kunstharzen bekannt und auch verwendet worden. Einige davon sind: Bakelit und Resinit (Phenolharze), Lucit, Plexigum und Bio-Plastic (Polymerisate von Acrylsäurederivaten), Araldit und Polysterene. Unter der Bezeichnung AG 66 wurde uns nun vor einiger Zeit vom Institut für Kunststoffe der Deutschen Akademie der Wissenschaften zu Berlin eines der dort neu entwickelten Epoxyd-Gießharze freundlicherweise zur Verfügung gestellt[1]) Dieses Harz wird inzwischen auch unter dem Namen „Epilox M 52" von den Leuna-Werken hergestellt, allerdings bisher nur als Versuchsprodukt. Da sich dieses Harz nach unseren Versuchen ausgezeichnet als Einbettungs- und Imprägnierungsmittel für An- und Dünnschliffe eignet, sei kurz über die bisher gemachten Erfahrungen berichtet.

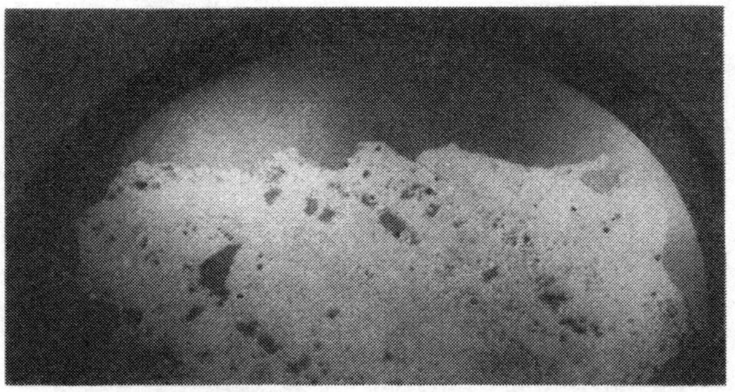

Abb. 1. Anschliff von einer stark verwitterten, lockeren und sehr porösen historischen Eisenschlacke. Es ist hier gut zu erkennen, daß das Gießharz auch in die kleinsten Poren eingedrungen ist, und so einen brauchbaren Schliff erst ermöglichte. Desgleichen sind keine Trennflächen zwischen Harz und Bakelit bzw. zwischen Harz und den Mineralkomponenten der Probe zu erkennen. AM 2 : 1

Das Gießharz AG 66 und der dazugehörende Härter AH 5 (Harz und Härter sind im Verhältnis 10 : 1 zu mischen) sind bei Zimmertemperatur ziemlich dünnflüssig. Auf Grund der geringen Viskosität und der guten Benetzungsfähigkeit und späteren Haftfähigkeit im gehärteten Zustand gegenüber Silikaten, Oxyden u. a. eignet sich das Gießharz als Einbettungsmittel sämtlicher Gesteine, Erze, keramischen Produkte usw. zur Herstellung von Anschliffen für auflichtmikroskopische Untersuchungen (Abb. 1). Es dringt selbst in sehr feinkörnige poröse Stoffe ein, was wir an den uns bisher zur Verfügung stehenden Harzen nicht beobachteten. Eine besonders gute Imprägnierung wird erreicht, wenn die Einbettung bei Unterdruck vorgenommen wird. Der Druck darf aber nicht zu niedrig gewählt werden, da unterhalb 30—40 mm Hg-Säule das Gießharz-Härter-

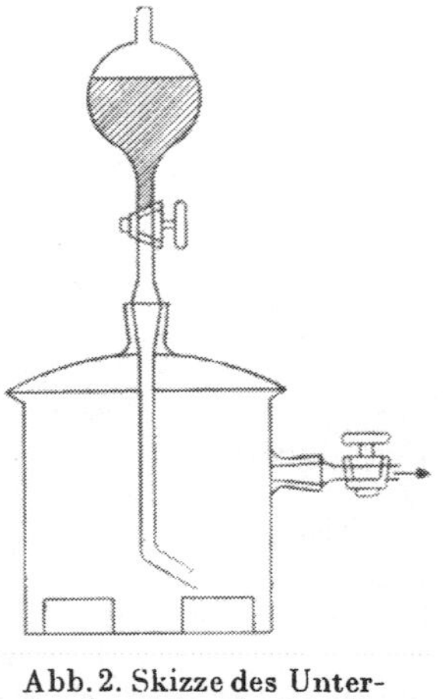

Abb. 2. Skizze des Unterdruckgefäßes, in dem die Einbettung der Proben vorgenommen wird

[1]) Über dieses Gießharz und ähnliche niedrigviskose Gießharze auf der Basis von Epoxydverbindungen, ihre Herstellung, Verarbeitung, Eigenschaften und allgemeine Anwendung, geben die beiden Arbeiten von H. JAHN Auskunft: Plaste und Kautschuk, 4, 457—59 und 5, 6—12 (1957 bzw. 1958). An dieser Stelle sei auch Herrn Dr. JAHN vom Institut für Kunststoffe der Deutschen Akademie der Wissenschaften zu Berlin und Herrn Dipl.-Chem. SCHÄFER von der Außenstelle Erkner für ihr freundliches Entgegenkommen gedankt.

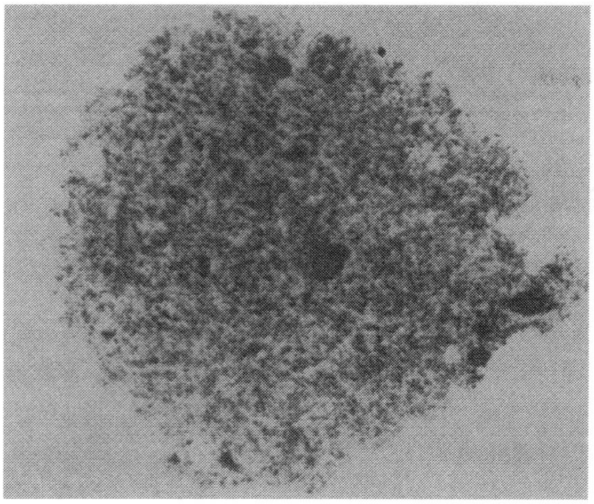
a

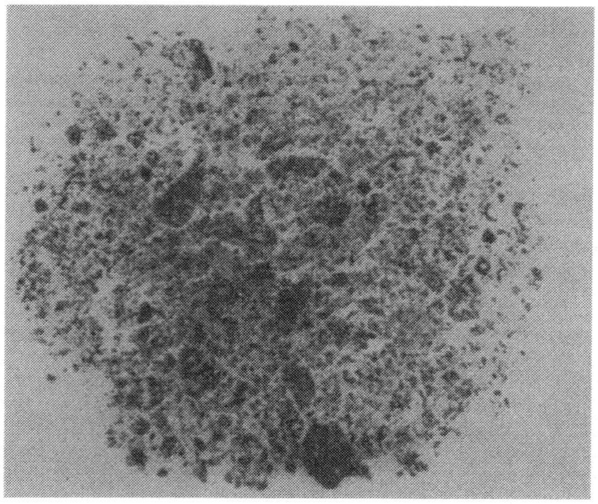
b

Abb. 3. Makroaufnahme im Durchlicht von zwei Dünnschliffen.
a — Einbettung in Canadabalsam. Es ist deutlich ein Auseinanderreißen des Schliffes zu erkennen.
b — Einbettung in Gießharz AG 66. Das störende Auseinanderreißen ist nicht zu beobachten, selbst der Rand des Schliffes wird beim Schleifen kaum zerstört

Gemisch zu sieden beginnt. Ein weiterer großer Vorteil ist, daß die Härtung bei Zimmertemperatur in für unsere Verhältnisse meist ausreichend kurzer Zeit (3—4 Tage) abläuft. Es ist daher möglich, Anschliffe von Körnerpräparaten oder lockeren porösen Massen anzufertigen, bei denen bei Temperaturerhöhung — wie sie z. B. bei Einbettung in Canadabalsam oder anderen Harzen nötig ist — Modifikationsumwandlungen oder Gefügeänderungen eintreten würden. Ist es möglich, das Präparat einer Temperaturerhöhung auszusetzen, so kann die Härtung durch Erwärmen beschleunigt werden. So waren Proben vollständig ausgehärtet, nachdem sie 16 Stunden bei 40° C und anschließend 4 Stunden bei 70° C im Trockenschrank aufbewahrt wurden.

Zum größten Teil arbeiten wir mit der „Neosupan"-Schleif- und Poliermaschine des VEB Rathenower-Optische-Werke (ROW), deren Kopf so konstruiert ist, daß jeweils acht Präparate angebracht werden können. Um die Kapazität der Maschine voll auszunutzen, und da wir die Einbettung bei Unterdruck vornehmen, wurde ein Unterdruckgefäß benutzt, in dem gleich mehrere Präparate eingegossen werden können. Die Bakelitringe, die als Halterung der Proben am Schleifkopf dienen, werden in einen Saugnapf getan, in dem durch eine angeschlossene Wasserstrahlpumpe ein Druck von 40 mm Hg-Säule eingestellt wird (s. Abb. 2)[2]). Das frisch angerührte Gießharz-Härter-Gemisch wird bei diesem Unterdruck aus einem durch einen Hahn regulierbaren Trichter in die Ringe eingegossen. Der Trichter ist drehbar, so daß mehrere Ringe nacheinander gefüllt werden können. Das Gießharz verbindet sich fest mit den Bakelitringen. Diese Eigenschaft konnten wir z. B. bei einem sonst gut brauchbaren Gießharz der BASF (Gießharz P5) nicht beobachten. Hier setzte sich zwischen Harz und Bakelitring feinster Schleif- und Polierschlamm fest, der dann die folgenden Polierprozesse sehr störte. Schwindungserscheinungen am Harz konnten bisher an den angefertigten Präparaten nicht beobachtet werden. Die Ritzhärte und Schleifhärte gleichen ungefähr denen von Calcit, was als günstig zu betrachten ist. Die Lichtbrechung liegt zwischen 1,565 und 1,575. Die gebräuchlichen Immersionsmittel zeigen keine Einwirkungen oder Lösungserscheinungen des Harzes.

Auch für die Anfertigung von Dünnschliffen aus sehr lockeren und porösen Massen erwies sich das Harz als geeignet. Die Einbettung wurde in der gleichen Weise vorgenommen wie bei den Anschliffen, wobei statt der Bakelitringe Pappringe o. ä. benutzt wurden. Die bei der Einbettung in Canadabalsam häufig auftretende Erscheinung, daß der Schliff beim Schleifen und auch bei der späteren Aufbewahrung auseinanderreißt, wird dadurch unter anderem verhindert. (Abb. 3). Das noch flüssige Harz ist leider wasserempfindlich, so daß es nicht möglich ist, es auch als Einbettungsmittel nasser Gesteine usw. zu benutzen. Eingehendere Versuche mit solchen Proben sollen noch durchgeführt werden.

[2]) Eine ähnliche Anordnung beschreiben HAGERMANN, T. & L. NYSTRÖM: Geol. Fören. Förhand., 74 (1952), 212—17.

Lesesteine

Die Lehren des Krakatau

Vor 75 Jahren, am 27. 8. 1883, 10.00 Uhr morgens, explodierte die Vulkaninsel Krakatau, die in der Sundastraße zwischen Java und Sumatra liegt, und der 870 m hohe Mount Rakata platzte auseinander. Die Explosion schleuderte die zu Staub zerblasene Inselmasse bis zu einer Höhe von 50 km. Die Asche umwanderte in der Stratosphäre den Erdball und war mehrere Jahre lang vielerorts sichtbar, z. B. in Berlin durch lebhafte Dämmerungserscheinungen nach Sonnenuntergang. Die Explosion löste eine gewaltige Flutwelle aus, der 36000 Menschen und 5000 Boote und Schiffe zum Opfer fielen.

Die Staubwanderungen in der Atmosphäre bestätigten zum ersten Mal das Vorhandensein starker Höhenwinde, der sog. „Jet-Streams", die heute bei der Raketentechnik eine so große Bedeutung haben.

Man sollte sich gerade im Zeitalter der Atombomben an die Explosionskatastrophe des Krakatau und an den in die Atmosphäre geschleuderten Staub des Rakata-Berges erinnern. Zum Glück für die Menschheit war dieser Staub nicht radioaktiv. Infolgedessen richtete er bei seinem Niedergang auf die Erdoberfläche keine Schäden an. Wenn jedoch durch Atombombenexplosionen radioaktive Staubmassen den gleichen Weg nehmen sollten wie vor 75 Jahren die vom Krakatau ausgestoßenen Staubmassen, so würde das bekanntlich keineswegs so harmlos abgehen.

Dieses sollte die wichtigste Schlußfolgerung für die Menschheit im Atomzeitalter aus der Explosion des Krakatau sein und sie veranlassen, mit aller Macht gegen unkontrollierbare atomare Experimente anzukämpfen.

Die mineralischen Lagerstätten Afrikas

Die geologische Erforschung des afrikanischen Kontinents hat in den letzten Jahren sehr erhebliche Fortschritte gemacht. Einem Aufsatz aus der „Überseerundschau", Hamburg, vom Juni/Juli 1958, S. 19, entnehmen wir folgende Einzelheiten, die für die kapitalistische Einstellung gewisser europäischer Kreise, sich in Afrika eine neue Rohstoffbasis zu schaffen, charakteristisch sind:

„In der großen Auseinandersetzung zwischen Ost und West ist dem afrikanischen Kontinent eine eigenartige, vor 2 Jahrzehnten noch unvorstellbare Rolle zugefallen. West und Ost führen z. Z. eine umfassende Bestandsaufnahme ihrer Reserven und Vorräte an Rohstoffen, insbesondere an Bodenschätzen durch. . . . Bei allem Wert der eigentlichen ‚Colonialwaren' für die Weltversorgung haben die bergbaulichen Rohstoffe heute die größere Bedeutung . . .

1. Im gesamten Erdteil wird mit modernsten Meß- und Suchmethoden nach Bodenschätzen geforscht. Die Untersuchungen erfassen sowohl bisher unerschlossene Räume als auch bisher wenig beachtete Mineralien, die erst mit der neuesten Entwicklung der Technik — z. B. für Aluminiumhärtung und Veredelung für Überschallflugzeuge — interessant wurden.

2. Südlich des Äquators werden einerseits neue Bodenschätze aufgeschlossen, andererseits wird die Veredelung der Roherze durch Ausweitung der Aufbereitungsindustrie fast nur noch an Ort und Stelle vorgenommen.

3. Im Raum zwischen Äquator und Sahara-Gürtel sind zahlreiche Vorkommen — allerdings zumeist extensiv — in Ausbeute. Arbeitskräfte sind vorhanden, und die Flüsse werden helfen, die Transportnöte zu überwinden. Vor einer weiteren Intensivierung des Bergbaues muß jedoch die Energieerschließung stehen. Wasserkraftwerke z. T. größter Leistung sind an verschiedenen Stellen geplant, im Bau oder — wie jetzt in Ostafrika bei Owen-Falls — in den ersten Ausbaustufen fertig.

4. Im Gebiet der Sahara wurden in den letzten Jahren Bodenschätze größter Bedeutung festgestellt: Eisen- und Manganerze allein in der Westsahara von ca. 1 Mrd. t mit sehr hohem Wertstoffgehalt sowie Erdöl an verschiedenen Stellen des Sahara-Beckenrandes, das eine Mutung auf 2 Mrd. t Erdöl und 100 Mrd. m^3 Erdgas zuläßt, seien hier nur erwähnt. Der Mangel an Energie und Arbeitskraft läßt

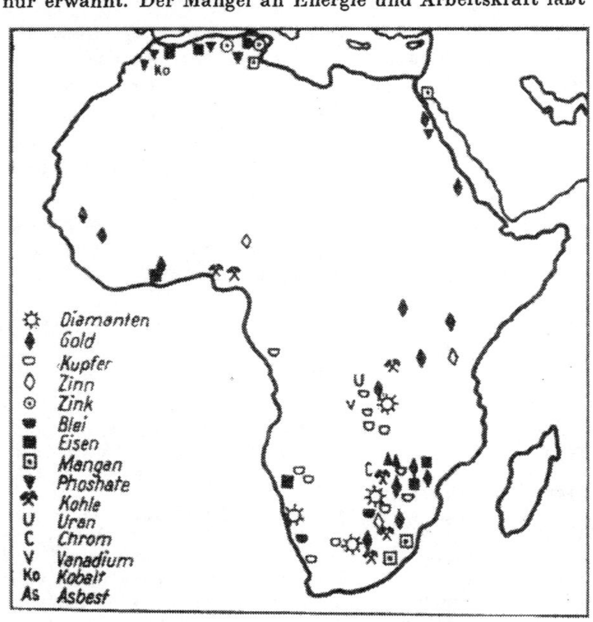

Abb. 1. Bekannte Bodenschätze um 1930

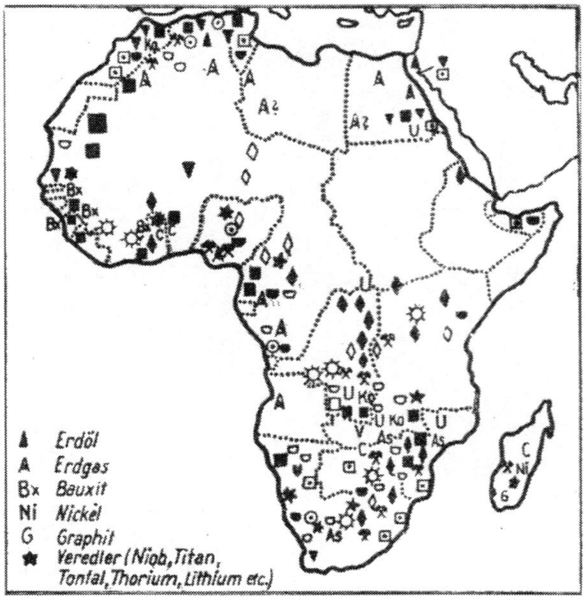

Abb. 2. Rohstoffbasis Afrikas 1958

hier vorerst nicht an die Aufschließung denken. So wurden kürzlich sogar die gründlichen Untersuchungen eingestellt, an deren Fortsetzung sich nach neuesten Meldungen die Montanunion interessiert zeigt.

Die hier in Umrissen skizzierte Entwicklung ist gewaltig. Sie trifft auf eine Bevölkerung, die in diesem kritischen Moment inmitten einer Umwertung aller überkommenen Werte steht und nach neuen Ordnungen des Zusammenlebens sucht." . . .

Die Abbildungen, die wir dem gleichen Aufsatz entnehmen, zeigen deutlich, wie sich vom Norden, Westen und Süden die Erforschung der afrikanischen Lagerstätten nach dem Zentrum Afrikas hin verschoben hat. Lediglich die Lagerstätten der großen Wüstengebiete der Sahara sind noch so gut wie nicht erschlossen. E.

Umschichtungen in der kapitalistischen Diamantwirtschaft

Aus Kapstadt wird gemeldet, daß sich die Erben der beiden vor etwa Jahresfrist fast gleichzeitig verstorbenen Diamantkönige Sir Ernest Oppenheimer und Dr. Williamson zusammengeschlossen haben und somit gemeinsam etwa 95% der Diamanterzeugung des kapitalistischen Wirtschaftsbereiches kontrollieren.

Inzwischen hat die Regierung von Tanganjika mit dem Debeers-Diamantkonzern (Oppenheimer) einen Vertrag über die beschleunigte Ausbeutung des Mwadui-Diamantvorkommens, das 1941 von Williamson entdeckt wurde und heute als eines der größten Diamantvorkommen innerhalb des kapitalistischen Wirtschaftsbereiches gilt, abgeschlossen. Damit ist die Gewinnung afrikanischer Industrie- und Schmuckdiamanten nunmehr endgültig in einem Mammutkonzern vereinigt, der innerhalb seines Wirkungsbereiches keinen ernsthaften Konkurrenten mehr hat.

Nur in Westafrika, wo in Sierra Leone und Ghana die Eingeborenen Industriediamanten aus den Seifenlagern der Flüsse gewinnen, blüht noch der einheimische Diamantenhandel, den die dortigen Regierungen nur teilweise erfassen können. Ein großer Teil der von den Diamantsuchern aufgesammelten Steine wird ohne Kontrolle über die Grenzen geschafft. Es gibt Flugplätze, von denen diese Diamanten abgeholt werden, und Zollbeamte und Grenzkontrolleure, die in dieser „freien Welt" mit Hubschraubern Jagd auf die Diamantensucher veranstalten.

Besonders ausgeprägt war in letzter Zeit dieser Diamanthandel von Britisch Sierra Leone nach Liberia, von wo aus die Rohdiamanten per Flugzeug, vorwiegend nach Israel und dem Libanon, transportiert wurden.

Inzwischen ist ein neuer Konkurrent auf dem Weltmarkt erschienen. Die amerikanische General Electric Corporation bringt seit einiger Zeit synthetische Diamanten auf den Markt, zwar sehr kleine, etwa in der Größe eines Sandkornes, aber für bestimmte Zwecke den natürlichen absolut gleichwertig. Noch sind sie allerdings mit rd. 4 Dollar je Karat (1 Karat = 0,205 Gramm) erheblich teurer als die Natursteine, deren offizieller Preis 2,80 $ pro Karat beträgt. Die synthetischen Steine kommen in erster Linie als Schleifmaterial in Frage. 1958 dürften insgesamt fast 20 Mio Karat Industriediamanten gefördert werden. Außerdem will die General Electric Corporation bis zu 3 Mio Karat synthetische Steine herstellen.

Man sieht, wenn diese Nachrichten sich bestätigen werden, daß sich auf dem kapitalistischen Weltmarkt für Industriediamanten ein Überangebot bemerkbar machen kann.

Wie entscheidend Größe und Qualität der Naturdiamanten sind, zeigt ein Vergleich zwischen Produktion und Umsatz in Südwestafrika und Belgisch-Kongo. Von der Gesamtproduktion 1956 — rd. 23,13 Mio Karat — entfielen auf Belgisch-Kongo 14,01 Mio, auf Südwestafrika 0,97 Mio. Doch die Kongo-Produktion besteht zu 95 v. H. aus Industriediamanten, die südwestafrikanische aber zu 90 v. H. aus Schmucksteinen. Errechnet sich für jene ein Durchschnittserlös je Karat von unter einem Pfund, so sind es in Südwestafrika über 17 Pfund. Mit knapp 7 v. H. der Produktion des Kongos kam Südwestafrika auf 144 v. H. des Erlöses. Im Gesamtdurchschnitt der Welterzeugung eignen sich nur 20 v. H. der geförderten Diamanten zur Schmuckverarbeitung.

Die Situation auf dem kapitalistischen Diamantenmarkt wird sich in Zukunft noch weiter zuspitzen, wenn auf ihm sibirische Industrie- und Schmuckdiamanten angeboten werden. E.

Perspektive für Mechernich

Im Heft 2/3, Jahrgang 1958 unserer Zeitschrift, S. 144, hatten wir darauf hingewiesen, daß auf Grund eines Gutachtens der PREUSSAG die größte Bleierzgrube Westdeutschlands, nämlich die „Gewerkschaft Mechernich", stillgelegt werden sollte. Inzwischen hat die PREUSSAG, die ein bundeseigener Konzern ist, die Grube stillgelegt und sämtliche Arbeiter und Angestellte dieses wichtigen Betriebes entlassen. Die Grube, die etwa 30 km westlich von Bonn liegt, könnte ca. 2 Mio t Bleiroherz und fast 25000 t Bleikonzentrate im Jahr liefern.[1])

Wie das „Neue Deutschland" kürzlich (12. 9. 58) feststellte, basiert das sonderbar erscheinende Gutachten der PREUSSAG weder auf ökonomischen noch geologischen Erwägungen. Es wurde von den Militaristen inspiriert und die angeblichen Schwierigkeiten wurden nur zur Tarnung der eigentlichen Ursache der Stillegung benutzt. Die Grube wurde geschlossen, weil sich ihre Baue im besonderen Maße dazu eignen, einen riesigen Unterstand für die Regierung des Atomkanzlers ADENAUER zu schaffen. Ähnlich wie HITLER sich einen bombensicheren Unterschlupf bauen ließ, während Hunderttausende deutscher Bürger den angloamerikanischen Bombenangriffen zum Opfer fielen, wollen sich jetzt die Herren ADENAUER, STRAUSS und Konsorten ein gegen atomare Strahlungen sicheres Führerhauptquartier für den von ihnen selbst heraufbeschworenen Atomkrieg schaffen. Hierzu mußten als erste Opfer 1200 bis 1300 Werktätige von Mechernich ihren Arbeitsplatz verlassen und wurde außerdem die deutsche Bleierzproduktion erheblich gedrosselt.

Wir hatten bereits beim Eingang der ersten Nachrichten betont, daß die Vorgänge in Mechernich nicht im gesamtdeutschen Interesse liegen. Durch die inzwischen bekannt gewordenen Enthüllungen des „Neuen Deutschlands" wird diese Tatsache noch besonders erhärtet. Die deutsche Wirtschaft braucht Bleierze und die Bleierzkumpel benötigen ihre Grube und ihren Arbeitsplatz! Das wäre die normale Perspektive für die größte Bleierzlagerstätte Deutschlands. Auf die militaristische Perspektive der Mechernicher Bleierzgrube, auf den Bau eines Führerhauptquartiers für den herzlosen Atomkanzler, der sein kostbares Leben beizeiten in Sicherheit bringen will, während um ihn herum Millionen Deutsche den Strahlungstod sterben sollen, wird man dagegen in beiden Teilen Deutschlands ohne weiteres verzichten können. e.

[1]) Vgl. „Z. f. a. Geol." 2 (1956), S. 257

Besprechungen und Referate

KUSNEZOWA, N. P, & V. P. KASARINOW

Geophysikalische Untersuchungen zur Klärung des regionalen geologischen Baus der westsibirischen Tiefebene

„Geologija nefti", Moskau 2 (1958) 4, S. 11—16

Die westsibirische Tiefebene ist eines der erdöl- und erdgashöffigen Gebiete der Sowjetunion. Sie wird vom Jenissei, den Bergen des Altai und Kasachstans und vom Ural begrenzt und besitzt einen Flächeninhalt von etwa 3,2 Millionen km². In dem ganzen Gebiet sind die vorpaläozoischen Schichten von im allgemeinen sehr mächtigen, meso-känozoischen Schichten verdeckt.

Gegenwärtig herrscht die Vorstellung, daß sich die westsibirische Tiefebene aus drei Stockwerken aufbaut. Das untere Stockwerk bilden vorpaläozoische und paläozoische Gesteine, die gewöhnlich stark gestört und metamorphisiert sind. Das zweite Stockwerk bilden jungpaläozoische (seltener mittelpaläozoische) und triassische Gesteine, die Senkungsgebiete des ersten Stockwerkes ausfüllen und weniger gestört sind. Effusivgesteine treten verbreitet auf. Auf der ungleichmäßigen Oberfläche des zweiten, stellenweise auch des ersten Stockwerkes lagern mesozoische und känozoische Sedimente, die das dritte Stockwerk bilden. Öl- und gashöffig sind vor allem die jurassischen und altkretazischen Sedimente.

Da besonders die nördlichen Teile der westsibirischen Tiefebene stark versumpft und mit Urwald bedeckt sind, ist die geophysikalische Erkundung des Gebietes eine Hauptmethode zur Erforschung des regionalen geologischen Aufbaus.

Die ganze Tiefebene ist luftmagnetisch im Maßstab 1 zu 1000000 vermessen worden. In zwei bis drei Jahren wird die luftmagnetische Aufnahme 1 : 200000 fertiggestellt sein. Wie die Vermessungen zeigen, ist das magnetische Feld über Westsibirien sehr differenziert. Qualitative Auswertungen der magnetischen Karten und ihr Vergleich mit dem bekannten Bau der umgebenden Gebiete lassen die wesentlichen Gesetzmäßigkeiten erkennen und erlauben Extrapolationen auf das Gebiet Westsibiriens. Ergänzende quantitative Auswertungen (Tiefenbestimmung, Magnetisierung) führen zur Konstruktion von Karten der Tiefenlage und horizontalen Ausbreitung der magnetisch wirksamen Gesteine.

Die magnetischen Messungen werden durch gravimetrische Aufnahmen ergänzt. Während regionale Aufnahmen bereits vorliegen, sollen jetzt vor allem im Norden der Tiefebene (höffigstes Gebiet) durch erhöhte Meßgenauigkeit und verfeinerte Auswertung lokale Aufwölbungen aufgefunden werden, wobei sich der Einsatz von Hubschraubern nach den vorliegenden Erfahrungen bewährt hat. In den meisten Fällen decken sich gravimetrische und magnetische Anomalien hinsichtlich Lage und Gestalt. Außerdem gibt sich das Relief des Grundgebirges im Schwerebild zu erkennen.

Von elektrischen Verfahren werden angewandt: Tiefensondierungen, Dipolsondierungen und die tellurische Methode. Tiefen- und Dipolsondierungen werden hauptsächlich im Süden angesetzt, wo das Grundgebirge nicht sehr tief liegt (bis 2000 m). Die Tellurik dient zusammen mit der Dipolsondierung ebenfalls zur Bestimmung der Tiefenlage des Grundgebirges und wird in den Gebieten mit mächtiger Sedimentbedeckung angewandt.

Selbstverständlich wird auch die Seismik in großem Maßstab zur Klärung der Struktur der Tiefebene eingesetzt. Der dreigliedrige geologische Bau Westsibiriens spiegelt sich in den seismischen Messungen deutlich wider. Das erste Stockwerk ist seismisch homogen; es gibt nur an seiner Oberkante zu Reflexion oder Refraktion Anlaß. Das zweite Stockwerk ist inhomogen; es können darin reflektierende Horizonte ausgegliedert werden, die den sedimentären Schichten entsprechen. Das dritte Stockwerk ist sehr inhomogen und besitzt viele reflektierende Horizonte.

Gemäß den geologischen Verhältnissen wird die Seismik in verschiedenen Varianten angewandt: Profile (bis 100 km und mehr) werden reflexions- und refraktionsseismisch abgeschossen (oft werden beide Verfahren kombiniert), um die Haupthorizonte zu verfolgen. Wegen des langsamen Meßfortschritts und der schwierigen Geländeverhältnisse wird oft die seismische Sondierung angewandt, bei der an einzelnen isolierten Punkten beobachtet wird. Die Entfernung der Punkte voneinander beträgt 5 bis 10 km. Geophone werden profilmäßig oder flächenhaft nahe dem Schußpunkt aufgestellt. Die wichtigsten reflektierenden Horizonte (z. B. die Oberkante der Kreide) können erfahrungsgemäß fehlerfrei korreliert werden. Gegenwärtig ist der südliche Teil der Tiefebene hinreichend seismisch erkundet, so daß seine seismische Gliederung vorgenommen werden kann.

Durch zusammenfassende und vergleichende Auswertung der geophysikalischen, geologischen und Bohrergebnisse kann ein strukturtektonisches Bild der westsibirischen Tiefebene entworfen werden. Gebiete langdauernder Absenkung und Sedimentbildung können abgegrenzt werden, ebenso Gebiete wechselnder Senkung und Hebung. Auf Grund dieser tektonischen Gliederung, an der geophysikalische Messungen besonderen Anteil besitzen, kann im Verein mit paläogeographischen Vorstellungen die Richtung der weiteren Arbeiten zur Erschließung von Erdöl bestimmt werden. Zur schnelleren Lösung dieser Aufgabe müssen der Umfang der regionalen geophysikalischen Aufnahmen vergrößert und ihre Methodik verfeinert werden. K. Köhler

Prikel, G.

Orientierung von Gesteinskernen mit Hilfe ihres remanenten Magnetismus

„Erdoel Zeitschrift,“ 74. Jg., Juli 1958, Heft 7, S. 195—199

Es ist eine bekannte Tatsache, daß die geologische Aussagemöglichkeit vom Bohrkern her wesentlich größer ist, wenn es gelingt, ihn orientiert zu gewinnen, d. h., wenn festgestellt werden kann, wie das Gestein des Kerns ursprünglich im Verband gelegen hat.

Seit ca. 40 Jahren sind technisch-physikalische Verfahren geprüft und angewendet worden, um dieser wichtigen Aufgabe zu genügen. Dabei wurde wiederholt auf Verfahren zurückgegriffen, die den remanenten Magnetismus der Gesteine benutzen. Hierfür wird vorausgesetzt, daß die Bohrkerne hinreichend homogen und dem heutigen Erdfeld entsprechend magnetisiert sind. Eine solche Einrichtung zur Messung der azimutalen Komponente der Magnetisierung der Bohrkerne ist von G. Prikel beschrieben worden. Sie enthält im wesentlichen die Anordnung, über die schon H. Legat 1954 berichtet hat.

Man läßt den Bohrkern um seine Achse rotieren und macht die in eine nahe seitlich angeordnete Aufnahmespule (40000 Wdg.) induzierte Spannung nach elektronischer Verstärkung mittels eines Kathodenstrahl-Oszillographen sichtbar. Diese Spannung beträgt entsprechend der geringen Feldstärken größenordnungsmäßig 10^{-3} bis 10^{-6} Volt und ist bei hinreichend homogener Magnetisierung annähernd sinusförmig.

Eine an der rotierenden Halterung des Bohrkerns angebrachte elektrische Markierungseinrichtung gestattet, die azimutale Richtung der Magnetisierung des Bohrkerns zu bestimmen. Sowohl hierfür als auch für den elektronischen Verstärker sind in der Publikation von Prikel einige Verbesserungen angegeben.

Bei einem Gehalt an ferromagnetischem Material von mehr als 0,5% wird vom Autor mit Sicherheit angenommen, daß eine Orientierung des Bohrkerns möglich ist. Die Genauigkeit dieser Orientierung wird nicht angegeben. In der Arbeit von H. Legat, deren Erscheinungsort[1]) hier der Vollständigkeit halber mit angegeben werden soll, beträgt die Genauigkeit ± 5°. I. Michael, Leipzig

[1]) H. Legat: „Orientierung von Bohrkernen mit Hilfe ihres permanenten Magnetismus“, Glückauf — Oktober 1954, S. 1414—17.

Lentsch, G. P.

Flözausbildung und Nebengesteinsfazies im oberbayrischen Pechkohlenrevier

„Glückauf“, Heft 35/36 vom 30. 8. 58, Seite 1190—1193

Zu Beginn seiner Ausführungen berichtet der Autor über die Stratigraphie der Lagerstätte Peißenberg/Peiting und über Auftreten und Ausbildung der Flöze im heutigen Bergbaubereich. Die vom heutigen Bergbau aufgeschlossene rd. 500 m mächtige Schichtenfolge führt im Querschlag m0 (Hauptquerschlag Peißenberg) mehr als vierzig und in dem ungefähr 15 km weiter westlich gelegenen Querschlag w3 (3 West Peiting) rund zwanzig Kohle und Stinkstein führende Horizonte. Acht bis zehn Flöze erreichen eine bauwürdige Mächtigkeit von 0,3 bis 1,0 m Kohle. Keines der jetzt im Abbau befindlichen Flöze ist über das gesamte Grubenfeld bauwürdig. Den Hauptbestandteil der Flöze bildet eine äußerlich völlig der Steinkohle gleichende tiefschwarze Glanzkohle. Matt- und Streifenkohle treten fast völlig zurück.

Weiter berichtet der Verfasser ausführlich über den sogenannten Stinkstein, der dort ein häufiger und charakteristischer Begleiter der Kohle ist.

Auf der Fazieskarte des Peißenberg-Peitinger Kohlenreviers ist eine intensive Faziesverzahnung und ein Übergang von vorwiegend marin beeinflußter Fazies im Osten zu vorherrschend limnisch-terrestrischer Fazies im Westen zu erkennen. In dem Schichtenschnitt lassen sich eine untere Serie im Liegenden von Flöz 10/11, eine mittlere Serie zwischen Flöz 10/11 und dem Unteren Sand und eine mit dem Unteren Sand beginnende obere Serie unterscheiden. In der tiefsten Serie, die im Osten noch einheitlich in der brackischen grauen Mergelfazies ausgebildet ist, schalten sich, vom Liegenden beginnend und im Streichen nach Westen weiter ins Hangende übergreifend, Zonen der limnisch-terrestrischen bunten Mergelfazies ein. Eine gleiche Entwicklung zeigen die über den Produktiven Cyrenenschichten liegenden Zonen des Unteren und Oberen Sandes mit den Zwischen-Cyrenenschichten. Nur die dritte Serie behält eine einheitliche brackische graue Mergelfazies.

Die Faziesänderung der Nebengesteine ist eng mit der Kohlenführung verbunden. So lassen sich bei der Kohlenführung die gleichen drei Gruppen erkennen: Die erste Gruppe umfaßt die Flöze im Liegenden von Flöz 10/11. Zwischen dem Querschlag m0 und dem Querschlag m2 findet man die Mehrzahl der bauwürdigen Flöze. Weiter westlich werden sie unbau-

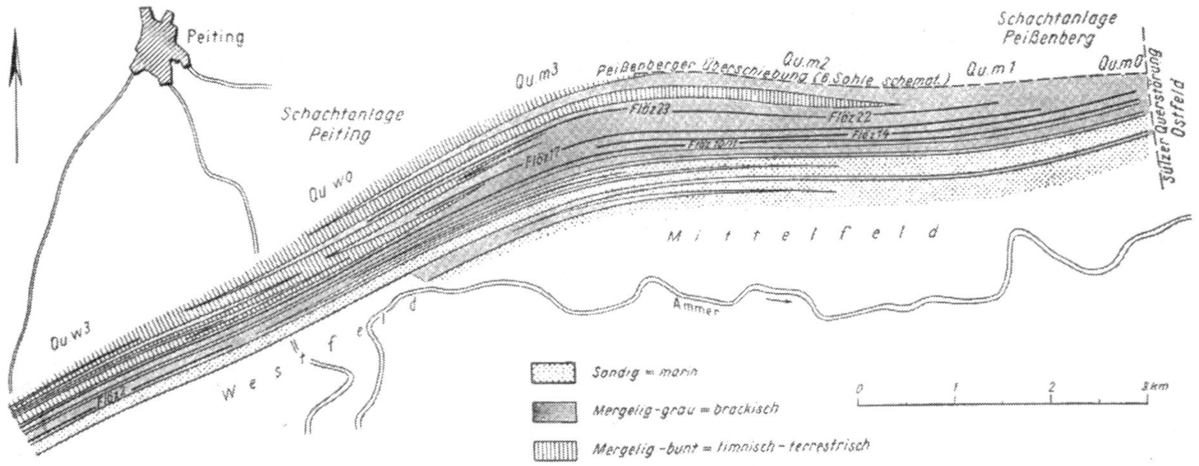

Schichtenschnitt durch das Revier Peißenberg/Peiting (nach Lentsch 1958)

würdig. Zur zweiten Gruppe gehören die Flöze innerhalb der Zwischen-Cyrenenschichten und der beiden Sande (Flöz 1—4). Im Gegensatz zur ersten Gruppe nimmt ihre Mächtigkeit nach Westen immer mehr zu. Zwischen diesen beiden Flözgruppen liegt die dritte Gruppe. Die zwischen dem Unteren Sand und Flöz 10/11 liegenden Flöze dieser Gruppe nehmen eine Mittelstellung ein, denn ihre Ausbildung ändert sich im Streichen nach Westen kaum.

Zusammenfassend kann man feststellen, daß bauwürdige Flöze an eine brackische Fazies des Nebengesteins geknüpft sind (Fazies der grauen Cyrenenmergel). Bei zunehmend marin beeinflußtem Gestein vertauben die Flöze ebenso wie bei zunehmendem Süßwassereinfluß. Abschließend stellt der Verfasser noch Betrachtungen über die Faziesentwicklung und Flözausbildung in den noch nicht aufgeschlossenen Teilen des Reviers an. DRESSEL

OTTE, M. U., & K.-H. TASCH

Der heutige Stand der angewandten Steinkohlen- und Kokspetrologie

„Bergbau-Rundschau", Nr. 8, Jg. 10/1958, S. 468—476

Die angewandte Steinkohlenpetrologie, eine der jüngsten Hilfswissenschaften für den Steinkohlenbergbau, die Kokereien und andere Kohleveredelungsbetriebe, befaßt sich mit dem petrographischen Aufbau der Kohle und versucht, über ihre technische Verwendbarkeit Auskunft zu geben.

Die Verfasser berichten über die verschiedenen Lithotypen, die sich in ihrer Entstehung, ihrem Aussehen und ihrer technischen Verwendbarkeit unterscheiden. Mikroskopische Untersuchungen als Fortsetzung der Makropetrographie sind erforderlich, weil die Lithotypen aus verschiedenen, nur mikroskopisch erkennbaren Bestandteilen zusammengesetzt sind.

Die Macerale der Steinkohle sind pflanzlichen Ursprungs und haben unterschiedliche chemische und technologische Eigenschaften. Sie sind als Pflanzenteile deutlich voneinander verschieden und können außerdem bei gleicher Ausgangssubstanz durch ihren Werdegang (biochemische und geologische Inkohlung) verschiedene Endprodukte darstellen. Aus einer quantitativen Angabe der Mikrolithotypen kann man auf die Eignung der Kohle zur Verkokung schließen. Für eine Kokskohle ist ferner der Anteil der Kohlearten von Bedeutung.

Eine weitere Aussagemöglichkeit der Steinkohlenpetrologie bietet sich in der Maceralanalyse an. Häufig wird auch die mikroskopische Untersuchung von Mineralien in der Kohle angewandt. Die Festigkeitseigenschaften eines Kokses sind ein wesentliches Qualitätsmerkmal. Um die Qualität eines schlechten Kokses zu verbessern (bedingt durch einen zu hohen Anteil an inerten bzw. nicht eingebundenen Kohlenkörnern), kann man eine selektive Zerkleinerung oder eine Änderung in der Zusammensetzung der Kokskohlenmischung vornehmen. Oft genügt schon eine homogene Mischung aller Bestandteile innerhalb der Kokskohle.

Das Fehlen einer einwandfreien und einfachen Methode zur Bestimmung der Rissigkeit im Koks trotz vieler physikalischer und mikroskopischer Versuche muß noch als eine spürbare Lücke in den Untersuchungsverfahren betrachtet werden. DRESSEL

WAGENBRETH, O.

Übersicht über die Geologie der Braunkohlenlagerstätten in der DDR

„Bergakademie", Nr. 7, Juli 1958, S. 380- 384

Hinsichtlich der Braunkohlenvorräte steht die DDR nach den USA, der UdSSR und der Deutschen Bundesrepublik an vierter Stelle, gefolgt von der CSR und Jugoslawien. Von den Braunkohlenvorräten Europas (ohne die UdSSR) liegen zwei Fünftel in der Bundesrepublik und ein Drittel in der DDR.

Die Braunkohlenvorkommen der DDR gehören verschiedenen Stufen des Tertiärs an. Regionalgeologisch und altersmäßig lassen sich folgende Reviere unterscheiden:

Ältere Braunkohlen
- Magdeburg—Helmstedt—Aschersleben (Eozän),
- Geiseltal (Eozän),
- Halle—Weißenfels—Leipzig—Borna (Eozän bis Unteroligozän?).

Jüngere Braunkohlen
- Bitterfeld (Oberoligozän),
- Niederlausitz (Untermiozän),
- Oberlausitz (Untermiozän).

Man kann in Deutschland vier Lagerstättentypen der Braunkohle unterscheiden.

Der Verfasser schildert die Entstehungsbedingungen des epirogenetischen Flöztyps und führt als Kennzeichen ruhige Lagerung bei weiter Verbreitung (bis über 100 km) und relativ geringe, weithin gleichbleibende Mächtigkeit (5—20 m) an. Hierher gehören die Flöze der Niederlausitz und große Flözteile des Halle—Weißenfels—Leipzig—Bornaer Reviers.

Bei Lagerstätten des tektogenetischen Typs ist die Senkung ein tektonischer Vorgang im engeren Sinne, also relativ kurzfristig, stark und räumlich enger begrenzt. Da es sich meist um Graben- oder Kesselbrüche handelt, besitzen diese Flöze oft eine große Mächtigkeit (bis über 100 m). Die Unregelmäßigkeit und Stärke der tektonischen Senkung führt zur Einschwemmung klastischen Materials. So führen die Flöze von Zittau und Berzdorf, die örtlich bis über 100 m Mächtigkeit erreichen, bis etwa 30 Zwischenmittel von Ton und Sand, so daß die reine Kohlenmächtigkeit nur 60 bis 70 m erreicht. Weiter berichtet der Verfasser über den Salzabwanderungs- und den Auslaugungstyp. Als deutlichstes Beispiel des Salzabwanderungstyps nennt er die schmalen, aber langgestreckten Braunkohlenvorkommen von Staßfurt—Egeln—Helmstedt. Flöze des Auslaugungstyps erreichen in der DDR 5—100 m Mächtigkeit, stellen aber relativ eng begrenzte Wannenfüllungen dar.

Weiterhin weist der Verfasser darauf hin, daß einige Braunkohlenvorkommen als Kombinationen zweier Lagerstättentypen aufzufassen sind. Abschließend werden die wichtigsten Arten nachträglicher Störung besprochen. DRESSEL

GEIGER, H.

Die Flözdeformationen im Südfeld des Tagebaus Franz Mehring und die daraus resultierenden gewinnungs- und aufbereitungstechnischen Probleme

„Bergbautechnik", 8. Jg., Nr. 6/1958, S. 286—290

Flözverformungen sind aus den verschiedensten Braunkohlenlagerstätten eine schon lange bekannte Erscheinung. GEIGER beschreibt die Flözdeformationen aus dem Südfeld des Braunkohlentagebaus Franz Mehring bei Senftenberg. Das Südfeld ist ein durch eine Mulde vom Brückenfeld ab-

Durch Schubwirkung zertrümmerte Baumstämme im Braunkohlentagebau Franz Mehring

gegrenzter Teil des Niemtscher Hauptfeldes. In der Mulde ist die Kohlenmächtigkeit kaum verändert. Es sind aber deutliche Aufschuppungen der Liegendletten zu beobachten, die bis in das Flöz hineinragen. Sie werden als glazigene Störungen angesehen. Mitten im Flöz findet sich ein fast horizontal eingelagertes Zwischenmittel, das eine Flächenausdehnung von etwa 8000 m² aufweist. Darüber treten vereinzelt kleinere Schmitzen und Sandnester auf. An anderen Stellen kommen Verknetungen des Deckgebirges, insbesondere von Sand mit der Braunkohle vor, die tertiären und pleistozänen Ursprungs sind. Diese Verpressungen führen bis zur Bildung eines brekziösen Kohlengefüges, der sog. Trümmerkohle. Die Einlagerungen lassen oft eine klare Schichtung erkennen, woraus angenommen werden kann, daß die Verfrachtung in gefrorenem Zustand vor sich gegangen ist. Die Verformungen reichen nur bis zu einer bestimmten Teufe herab. Unterhalb ist die Kohle fast durchweg einlagerungsfrei. Dabei handelt es sich wohl um eine von der Gefrornisgrenze abhängige Gleitlinie. Auch Schubkräfte waren beteiligt. Die Abbildung zeigt durch Schubwirkung zertrümmerte Baumstämme. Es kommen auch Auswaschungen in der Kohle vor. Die ganze räumliche Anordnung der aufgeschlossenen Flözverformung zeigt, daß sie fast durchweg regellos ist. Die zahlreichen Störungen sind in der Saale-(Riß)-Eiszeit entstanden und verdanken ihre Entstehung einer Endlage des Inlandeises. Vielleicht war der aus der Tiefe flach ansteigende Koschenberg, der auch im Braunkohlentagebau Koschen bei Senftenberg Flözstörungen verursacht hat, nicht unbeteiligt. E. Siegmund

Die Uranversorgung der kapitalistischen Länder

„Atomnaja energija", Moskau, 4 (1958) 5, S. 489—493

Die sowjetische Zeitschrift „Atomnaja energija" bringt einen Überblick über die Uranversorgung der kapitalistischen Länder, der von N. Zontov auf Grund statistischer Angaben in ausländischen Zeitschriften zusammengestellt worden ist. Als Hauptproduzenten können gegenwärtig Kanada, die USA und die Südafrikanische Union gelten, denen Belgisch-Kongo, Australien und Frankreich folgen.

Die wichtigsten Lagerstätten in Kanada sind: Großer Bärensee, Beaverlodge-See, Blind River und Bancroft. Die Lagerstätten am Großen Bärensee wurden 1930 entdeckt; die Erze gehören zur „Fünfmetall-Formation" (Uran, Nickel, Kobalt, Wismut, gediegen Silber). Bis 600 m Teufe sind die Lagerstätten abgebaut. Die Kapazität der Aufbereitung von Eldorado ist 200 Tato. — Die Uranerze des Beaverlodge-See-Bezirkes sind hydrothermal gebildet; sie enthalten Pechblende und Hämatit. Der Urangehalt der Fördererze beträgt 0,12 bis 0,17%, zuweilen 0,25%. Tagesdurchsatz der Aufbereitungen 4150 t. — Die Uranführung des Blind-River-Bezirkes wurde 1953 entdeckt. Es handelt sich um Konglomerate, in deren Zement Brannerit, Pechblende und Uraninit auftreten. Das Uran-Thorium-Verhältnis ist 2 : 1. Die Gehalte der Fördererze sind 0,068 bis 0,085%. Zu Ende 1958 wird ein Tagesdurchsatz der Aufbereitungen von 34300 t erwartet. — Im Bancroft-Bezirk ist das Uran (als Uraninit und Uranothorit) an Pegmatite gebunden. Die Gehalte betragen 0,07 bis 0,11%.

Kanada produzierte 1956 insgesamt 2800 t Uran in Konzentraten; für 1957 wurden 4200 t erwartet. Nach dem Bau neuer Aufbereitungsfabriken (Ende 1959) wird man jährlich 12000—13000 t Uran produzieren können. Die Vorräte werden auf 320 Mio t Erz von 0,10%, also 320000 t Uranmetall, geschätzt. Daran ist der Bezirk von Blind River mit 200000 t Metall beteiligt.

Die wichtigsten Uranlagerstätten der Vereinigten Staaten von Amerika sind an mesozoische Sandsteine gebunden. Hydrothermale Erze sind von untergeordneter Bedeutung.

Das älteste Uran-Bergbau-Revier der USA ist das Colorado-Plateau. Die Erzlagerstätten treten meist im Shinarump und Chinle (Trias) und Morrison (Jura) auf. In Oberflächennähe findet man sekundäre Mineralien: Carnotit und Tjujamanit, in der Teufe die primären Erzmineralien: Pechblende und Coffinit. Die Urangehalte betragen 0,085 bis 0,42%.

1956 wurden 5100 t Uran in Konzentraten produziert, 1957 bereits 8500 t. Die Vorräte betragen insgesamt 67 Mio t von 0,23%, also 150000 t Uranmetall. 80% davon entfallen auf das Revier Ambrosia Lake im Colorado-Plateau.

Die Südafrikanische Union ist einer der größten Uranproduzenten der kapitalistischen Welt geworden, nachdem in den berühmten goldführenden Konglomeraten von Südtransvaal und Oranje die Anwesenheit von Uran festgestellt worden ist. Gold- und Uranführung sind nicht immer proportional zueinander. Erzminerale sind Uraninit und Thucholit. Der Urangehalt der Fördererze beträgt 0,008 bis 0,10%.

1956 wurden 3740 t Uran in Konzentraten produziert, 1957 waren es 4200 t. Ende 1959 soll die Produktion 5100 t erreichen. Die Vorräte werden auf 1,1 Milliarden Tonnen von 0,03%, d. h. auf 300000 t Uran, geschätzt. Die Produktion wird nach Großbritannien und den USA ausgeführt.

Die gesamte Uranproduktion der kapitalistischen Welt wird von Zontov in folgender Tabelle zusammengefaßt:

Land	Produktion in Tonnen		Uran Ende 1959
	1956	1957	
USA	5100	8500	13000
Kanada	2800	4200	13000
Südafrika	3740	4200	5100
Belgisch-Kongo	850	850	850
Nord-Rhodesien	—	370	420
Australien	400	400	850
Frankreich	300	380	1000
Andere Länder	210	200	280
zusammen	13400	19100	34500

Der Vertreter der Atomenergiekommission der USA, W. Libby, machte bemerkenswerte Ausführungen über den Uranbedarf der kapitalistischen Länder. Uran werde gegenwärtig in der Hauptsache für militärische Zwecke verwendet; die Höhe des Bedarfs für diese Zwecke ist unbekannt. Der Uranbedarf der USA für friedliche Zwecke in den nächsten 10 bis 20 Jahren wird auf 17000 bis 25500 jato geschätzt. Der Uranbedarf der ganzen kapitalistischen Welt für friedliche Zwecke wird mit 34000 bis 85000 jato angegeben.

Die Aussicht auf ein so großes Ansteigen des Uranbedarfs wird zweifellos die wissenschaftliche und praktische Tätigkeit auf den Gebieten der Erkundung und Ausbeutung von Uranlagerstätten in hohem Maße aktivieren. K. Köhler

Petrascheck, W. E.

Betrachtungen zur Abfassung großräumiger metallogenetischer Karten

„Zeitschrift für Erzbergbau und Metallhüttenwesen", Bd. XI, Nr. 7, 1958

Die im April 1958 in Paris abgehaltene Tagung der Kommission für die Internationalen geologischen Karten der Erde beschäftigte sich auch mit der Frage der Herstellung von Lagerstättenkarten im engeren und im weiteren Sinne. Nach Ansicht des Verfassers bereitet die Herstellung von Lagerstättenkarten im engeren Sinne (mining maps) keine besonderen Schwierigkeiten; auf ihnen werden die wichtigsten bergbaulichen Produktionsstätten zur Darstellung gebracht. Hinsichtlich der Lagerstättenkarten im weiteren Sinne, d. h. der metallogenetischen Karten, treten viele neuralgische Punkte auf. W. E. Petrascheck jun. schlägt für die metallogenetischen Karten die Bezeichnung „Geologische Lagerstättenkarten" vor, da erstens auch die Nichterze dargestellt werden und zweitens nach Meinung der meisten Bearbeiter keine unmittelbare genetische Klassifizierung der Lagerstätten durch Symbole erfolgen soll, denn hinsichtlich der Genese vieler bekannter und großer Lagerstätten innerhalb der Wissenschaftler ist noch keine Einmütigkeit erreicht worden (z.B. Witwatersrand, Tristate — Bleizinkbezirk, Kupferlagerstätten Rhodesiens).

Bezüglich der „Auswahl der darzustellenden Einheiten des geologischen Untergrundes" ist der Verfasser der Meinung, daß es zweckmäßig sei, nur die für eine metallogenetische Provinz bestimmenden Faktoren als geologischen Untergrund darzustellen (Tektonik bzw. Magmatismus). Er führt mehrere Beispiele von Lagerstättenkarten an (Lagerstättenkarten der Ostalpen von O. M. Friedrich und E. Clar, Lagerstättenkarte Tunesiens von P. Sainfeld), bei denen nach diesen Grundsätzen verfahren wurde.

Im Abschnitt „Auswahl des Prinzips, nach welchem die Signaturen für die Lagerstätten gegliedert werden sollen", schlägt W. E. Petrascheck vor, „die Signaturen nach der Lagerstättenform zu wählen und den Inhalt durch die chemischen Symbole und Buchstaben zu kennzeichnen." Man kann mit wenigen Zeichen auskommen (für Lager,

Stöcke, Gänge, Schläuche, Imprägnationen, Taschen) und Unterteilungen durch Ornamentik angeben. Er verwirft sowohl den sowjetischen Vorschlag, der eine detaillierte genetische Gliederung enthält und infolge der 50 Zeichen, die zugleich Genese und Lagerstätteninhalt darstellen, seiner Meinung nach unübersichtlich wirkt, als auch den Vorschlag BLONDELs, der dahinging, die Lagerstätten nach den klassischen Typen zu gliedern (die Realisierung dieses Vorschlages wird durch die Mannigfaltigkeit der Typen behindert, ferner sind die Fragen welchem Typ die Priorität gebührt, umstritten).

Hinsichtlich der Darstellung der Größe der Lagerstätten hält es W. E. PETRASCHECK für richtig, den gesamten Lagerstätteninhalt zu berücksichtigen, „der sich aus der Gesamtproduktion zuzüglich sicheren und angedeuteten Reserven zusammensetzt“.

W. OESTREICH

Methodischer Leitfaden für die petrographisch-mineralogische Untersuchung von Tonen

Von einem Autorenkollektiv unter der Leitung von M. F. WIKULOWA. Verlag Gosgeoltechisdat, Moskau 1957. 448 Seiten, 30 Tafeln

Dieses Buch umfaßt 14 Kapitel: Allgemeine Charakteristik der Tone; Methodik der Laboruntersuchungen; Petrographische Analyse, Granulometrische Analyse, Mineralogische Analyse, Strukturanalyse, Spektrofotometrische Analyse, Thermische Analyse, Chemische Analyse; Kationenaustauscher; Dialyse und Elektrodialyse; Infrarot-Spektralanalyse; Beispiele komplexer Untersuchungen. Jedes Kapitel enthält viele Literaturangaben.

Das Buch ist ein Sammelwerk verschiedener Autoren des Allunionsgeologischen Institutes in Leningrad („WSEGE“). Es ist die erste systematische Methodendarlegung unter Berücksichtigung aller modernen Untersuchungsverfahren.

O.

POLUTOFF, N.

Hydroenergetische und wirtschaftliche Erschließung Mittelsibiriens

„Aluminium“, Heft 6, Jahrgang 34, 1958, S. 369—373

Der Verfasser bringt zusammenfassende Mitteilungen über die in der UdSSR seit 1920 errichteten Wasserkraftwerke. Dann behandelt er den 6. Fünfjahrplan (1955—1960), der dazu führen soll, Mittelsibirien zum Hauptzentrum billiger Energieerzeugung und zum Hauptstandort solcher Industriezweige, die Großverbraucher von Wärme- und Elektroenergie sind, zu machen. Am Ende des 6. Fünfjahrplanes werden bereits 40% der Kapazität der Wasserkraftwerke im asiatischen Teil der UdSSR liegen (s. Tabelle 1).

Tabelle 1. Verteilung der Gesamtkapazität der Wasserkraftwerke auf den europäischen und den asiatischen Teil der Sowjetunion (in Prozent):

	1940	1955	1960[1]
Europäischer Teil	93	85	60
Asiatischer Teil	7	15	40
Sowjetunion	100	100	100

[1]) Nach der Fertigstellung und Inbetriebnahme aller von dem 6. Plan vorgesehenen Wasserkraftwerke

Über die Wasserkräfte der SU macht er folgende Mitteilung:

Tabelle 2

Großwirtschaftsgebiete	Potentielle Vorräte an Wasserkräften in 1000 kW	Mrd. kWh	Ausbaufähige Vorräte an Wasserkräften in 1000 kW	Mrd. kWh	Gesamtvorräte in %	Fläche in 1000 km²
Ferner Osten	47586	416,8	28540	250	14,5	
Ostsibirien	140815	1233,5	91320	800	46,4	
Westsibirien	24132	211,4	14840	130	7,5	
Mittelasien	51908	454,8	25680	225	13,1	
Kasachstan	15063	131,9	6850	60	3,6	
Asiatischer Teil	279504	2448,4	167230	1465	85,1	17196,6
Europäischer Teil mit Kaukasus	60496	530,0	29230	256	14,9	5074,0
Sowjetunion insgesamt	340000	2978,4	196460	1721	100,0	22270,6

Die potentiellen Reserven der 3 wichtigsten sibirischen Ströme betragen:

Lena	18358000 kW	161 Mrd. kWh
Jenissei	18213000 kW	160 Mrd. kWh
Angara	9879000 kW	86 Mrd. kWh

„Die Selbstkosten einer Kilowattstunde der mittelsibirischen Kraftwerke werden nur ein Drittel des Selbstkostenpreises der großen Wolgakraftwerke (bei Kuibyschew und Stalingrad) ausmachen.“

E.

RESS, F. M.

Geschichte der Kokereitechnik

Verlag Glückauf, 673 Seiten, DM 148,—

Herausgegeben vom Steinkohlenbergbauverein Essen, 1957

Die Kokereitechnik ist von außerordentlicher Bedeutung für den Industrialisierungsprozeß. Bergbau, Hüttenwesen, Gaswirtschaft und chemische Industrie sind ohne ihre Haupt- und Nebenprodukte undenkbar. Die vorzüglich ausgestattete technische Monographie von RESS gibt eine lückenlose Darstellung der Entwicklung des Kokereiwesens vom 16. Jahrhundert bis in die Gegenwart. Auch die Grundzüge der Kokskohlenaufbereitung, die oft erst die Basis für die Herstellung eines brauchbaren Hüttenkokses abgibt, ist eingehend behandelt.

Aus den aufschlußreichen Darstellungen lassen sich für die Gegenwart und Zukunft wertvolle Rückschlüsse ziehen. Die technische Entwicklung des Verkokungsvorganges und des Koksofenbaues ist nicht als abgeschlossen anzusehen, und umwälzende Neuerungen gehören in den Bereich der Möglichkeit.

„Die Reduktion des Eisenerzes im Elektrohochofen oder mit Hilfe reduzierender Gase wurde an vielen Stellen erprobt und hier und dort eingeführt, wo Strom oder Gas preiswert zur Verfügung standen. Besonders weitgehende Bemühungen, den spezifischen Koksverbrauch durch Klassieren, Rösten und Sintern des Erzes oder durch mechanische oder metallurgische Voranreicherungen geringwertiger Erze erheblich zu senken, haben bereits sichtbare Erfolge gehabt. Alle diese neueren Entwicklungen vermögen nicht den Eindruck zu verstärken, daß der Kokshochofen bei der Roheisenerzeugung in Zukunft nicht mehr die entscheidende Rolle spielen wird. Man könnte im Gegenteil die Ansicht vertreten, daß die Kohle in vielen anderen Verwendungsbereichen durch Öl und Atomenergie ersetzt werden kann, um damit wachsende Mengen zur Umwandlung in Koks für die Eisen- und Stahlerzeugung verfügbar zu machen.“

E.

STAUCH, E.

Die technische Keramik im Jahre 1958

„Silikattechnik“, H. 9, 1958, S. 5—7

Aus obiger Arbeit bringen wir nachstehend die Forderungen, die von der keramischen Industrie an die Rohstoffbereitstellung für das laufende Jahr gestellt werden.

„Die planmäßige Steigerung der Produktion im zweiten Fünfjahrplan bedeutet einen entsprechend erhöhten Rohstoffbedarf. Im Jahre 1958 steigt der Bedarf an geschlämmtem Kaolin auf 116% und an Ton auf 124% gegenüber dem Vorjahr an. Dabei ist die sortengerechte Versorgung ausschlaggebend. Im vergangenen Jahr konnte der Bedarf an Bennstedter und Lieskauer Ton nur zu 80% gedeckt werden. Die Verwendung von Ersatztonen führte meist zu erhöhtem Ausschuß. Die Versorgung mit Luckenauer Ton ist unregelmäßig und unterliegt dauernden Qualitätsschwankungen. Häufig werden auch bei Kaolin die Lieferbedingungen nicht eingehalten, vor allem was den Feuchtigkeitsgehalt betrifft. Wir stellen deshalb folgende Forderungen:

1. Forderungen an alle Rohstofflieferanten und an die Hauptverwaltung Keramik in Erfurt:

1.1 Das Aufkommen an Kaolinen, vor allem aus den Revieren Salzmünde, Kemmlitz und Hohburg, ist den bis 1965 gültigen Bedarfsforderungen der technisch-keramischen Industrie anzupassen.

1.2 Kaolin geschlämmt, in Stücken, darf höchstens 15% Feuchtigkeit besitzen; die Rohstoffbetriebe sind mit den entsprechenden Anlagen auszurüsten.

1.3 Ab 1958 muß die ausreichende Versorgung unserer Betriebe mit Tonen aus dem Bennstedt-Lieskauer Revier gewährleistet sein. Im Jahre 1958 werden 17000 t dieser Tone benötigt.
1.4 Auf Tonlieferungen aus dem Braunkohlenrevier Zeitz wird großer Wert gelegt.
2. Forderungen an andere Ministerien:
2.1 Der Bedarf der Keramischen Werke Hermsdorf an Eisenoxyden gelb und rot ist von seiten des Ministeriums für Chemische Industrie aus dem VEB Farbenfabrik Nerchau zu 80% und aus dem VEB Farbenfabrik Wolfen bzw. den Chemiewerken Leuna zu 20% zu decken. In Nerchau sollte die Eisenoxydanlage vorrangig erweitert werden. Gegenüber 1957 wird der Bedarf 1958 auf 215% und bis 1960 auf 330% ansteigen.
3. Forderungen an den DIA Bergbau-Handel:
3.1 Die Versorgung mit Importrohstoffen muß kontinuierlich und im vollen Umfang erfolgen. Überhänge dürfen nicht auf die Fonds des folgenden Jahres angerechnet werden, da sonst die notwendige Vorratshaltung in den keramischen Betrieben verhindert wird.
3.2 Auch bei den importierten Rohstoffen dürfen die Lagerstätten nicht gewechselt werden, da sonst die Qualität gefährdet wird.
3.3 Bei der Versorgung mit Rohmagnesit und Speckstein müssen die beabsichtigten Umstellungen, die sich aus unseren Forschungsarbeiten ergeben, rechtzeitig berücksichtigt werden können."

Schrägbohrungen am Irawadi/Burma

„Oil and Gas Journ." **56**, Nr. 27, S. 88

Die Felder Tschauk und Laniwa liegen in Mittelburma beiderseits des hier rund 1,5 km breiten Irawadi. Neuerdings wurden die unter dem Fluß erwarteten Ölsande durch abgelenkte (Whipstock-) Bohrungen von beiden Flußufern her erbohrt. Die Bohrungen von Tschauk her erwiesen sich dabei als die günstigeren.

Die Ablenkungen betragen bis zu 43°. Bei der Bohrung Tschauk 961 mit 2092 ft Tiefe betrug die Abweichung von der Vertikalen 675 ft. Die Differenz zwischen dem geplanten und dem tatsächlich erreichten Endziel der Bohrung betrug 65 ft.

Unter direktem Schutz von 200 französischen Soldaten wird gegenwärtig die Trasse für eine Rohölleitung von Hassi Messaoud zur Mittelmeerküste nach Bougie festgelegt. Um den Raub des algerischen Saharaöls zu decken, sind sogar einige tausend Mann an Truppen aufgeboten.

Die Leitung soll 660 km lang werden. Im Süden sollen 50 km pro Monat, im Norden 24 km pro Monat unterirdisch verlegt werden. Es ist eine Anfangskapazität von 16200 m³ pro Tag bei zwei Pumpstationen geplant. Nach Einbau der vierten Station soll eine Endleistung von 47100 m³/Tag bei einem Leitungsdurchmesser von 24 Zoll erreicht werden. Die letzten 130 km haben 22 Zoll Durchmesser und werden als Gefälleleitung gebaut. Die Rohre werden von französischen Firmen, Mannesmann und US Steel Corp. geliefert.

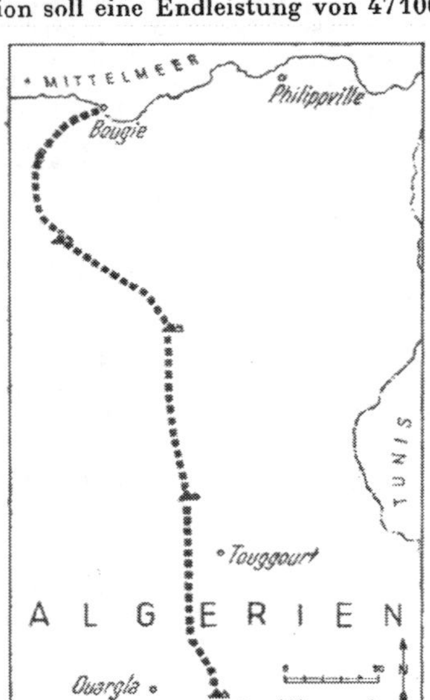

Pipelines und Erdöl in Nordafrika (Oil and Gas Journ. **56**, Nr. 24, S. 84 und Nr. 27, S. 85)

In Lybien wurde kürzlich die amerikanische Oasis Oil Co. of Libya fündig. Die neue Fundbohrung Bahi 1 liegt nur etwa 120 km von der Syrte entfernt. Sie wurde auf einer N-S-Antiklinale angesetzt.

Weniger günstig liegt die Fundbohrung bei Atshan im Fezzan/SW-Libyen. Diese Bohrung der Esso Standard of Libya ist rund 640 km von der Mittelmeerküste entfernt. Sl.

Schrägbohren in milden Gesteinen

„Oil and Gas Journ." **56**, Nr. 27, S. 131—134, 3 Abb.

Es wird ein neues Verfahren zur Erzielung von Bohrlochabweichungen beschrieben.

Gewöhnlich werden Ablenkungen mit dem Whipstock vorgenommen. Dies Verfahren ist zeitraubender als das neue und erfordert ein mehrmaliges Ein- und Ausbauen des Gestänges, Räumen usw. Bei dem neuen Verfahren werden Rollenmeißel mit drei Düsen benutzt. Zwei der Düsen haben gewöhnlich einen Durchmesser von $^3/_8$ Zoll; der Durchmesser der dritten Düse ist doppelt so groß („Großaugenmeißel").

Nachdem die erste 16-Zoll-Rohrtour bei 1000 ft (oder tiefer) abgesetzt ist, wird mit einem 15-Zoll-Großaugenmeißel etwa 100 ft weitergebohrt. Dann wird die Rotation gestoppt, die große Düse durch Drehen des Gestänges in die

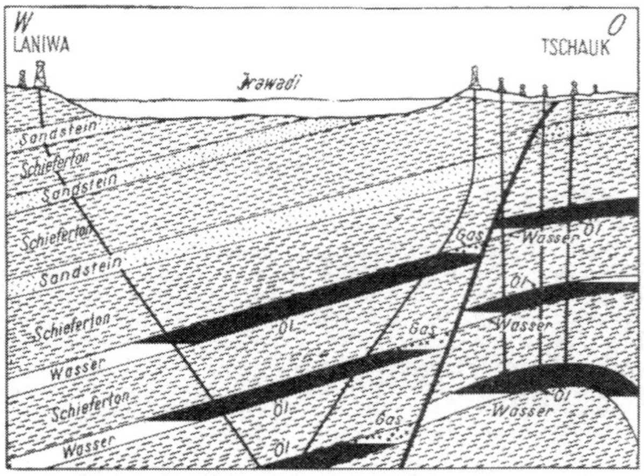

Schema einer Bohrlochablenkung mit Hilfe des dreidüsigen „Großaugenmeißels"

gewünschte Ablenkungsrichtung gebracht und nach Blokkieren des Tisches weitergespült. Das Gestänge wird langsam nachgelassen. In 15 Min. sind etwa 10 ft ausgewaschen. Dabei wird eine Abweichung von der Vertikalen um 3—4° erzielt. Jetzt wird weiterrotiert und von Zeit zu Zeit die Ablenkung des Bohrloches gemessen. Für die Schnellmessungen sind über dem Meißel bis zu fünf unmagnetische „drill collars" mit dazwischengesetzten Stabilisatoren eingebaut. Falls die Ablenkung von der vorgesehenen Richtung abweicht, kann der Meißel reorientiert und bei stehendem Gestänge erneut gespült werden. Ist die gewünschte Bohrlochneigung erreicht, so wird der „Großaugenmeißel" durch einen gewöhnlichen ersetzt.

Bisher wurden etwa 100 Bohrungen nach diesem Verfahren erfolgreich abgelenkt. Voraussetzung ist mildes Gestein, in dem sich 50—60 ft pro Std. bohren lassen. Die Mehrzahl der Ablenkungen liegt oberhalb 6000 ft. Bei hinreichend weichem Gestein ist das Verfahren auch in größerer Tiefe anwendbar (bis 9000 ft). Eine Anfangsneigung von 3—4° erwies sich als am günstigsten. Stärkere Anfangsknickungen sind zwar durch das Spülen ohne weiteres zu erreichen, aber technisch ungünstig.

Anstelle dreidüsiger Meißel soll jetzt ein zweidüsiger erprobt werden. Der Spülstrom wird bei ihm nicht senkrecht nach unten, sondern schräg zur Seite gerichtet. Beide Düsen spritzen in die gleiche Richtung und sollen bei stehendem Gestänge eine schräg-seitliche Auswaschung der Bohrlochsohle bewirken.

Nachrichten und Informationen

Erdölkonferenz in Yümen

Im Juli 1958 fand im Yümen-Gebiet (Kansu-Provinz) eine Erdölkonferenz statt, die die Richtlinien für eine beschleunigte Erweiterung der Förderung an Erdöl im zweiten chinesischen Fünfjahrplan zum Ziele hatte.

Neben den großen Ölfeldern sollen auch kleine Erdölvorkommen, die auf einem Areal von 1020 km² in geringer Tiefe nachgewiesen sind, ausgebeutet werden, und zwar mit traditionellen und einfachen Methoden. Man unterschied auf der Konferenz zwischen den großen Vorkommen, die nach den modernsten Methoden ausgewertet werden sollen, und den Kleinvorkommen, die auch mit älteren Arbeitsmethoden noch in erfolgreiche Förderung genommen werden können.

Mit Genugtuung wurde festgestellt, daß im Bohrwesen große Fortschritte erzielt wurden. Leistungen von 1000 bis 2000 Bohrmetern im Monat sind keine Seltenheit mehr, und Bohrtiefen von 2500—3000 m werden häufig erreicht.

Im ersten Fünfjahrplan, der 1957 endete, wurden 290000 km² erdölhöffige Gebiete geologisch untersucht und dabei mit der Erkundung von 51 ölhöffigen Strukturen begonnen.

Die Konferenz stellte fest, daß die VR China (entgegen den früheren Behauptungen der Imperialisten) reich an Erdöllagerstätten ist. Insgesamt treten auf 2,6 Mio km² Sedimentgesteine auf, die erdölhöffig sind. Im Szechuan-Becken erreichte die Mächtigkeit der Sedimentpakete über 10000 m.

Schwerpunkte der Erkundungsarbeit und der Produktion werden sein: das Tsaidam-Ölfeld in Chinghai, das Karamai-Becken in Sinkiang und die Ölfelder von Mittelszechuan. Daneben sind aussichtsreiche Ölfelder in Nordostchina, Nord-Kiangsu, Nordchina, Kweichow in Südwestchina und an anderen Orten gefunden worden. E.

Die Tatarische Sowjet-Republik als größter Erdölproduzent der Sowjetunion

Die „Petroleum Times" bringen in ihrer Nummer 1560, London 1958, einen ausführlichen Bericht über die Erdölproduktion Tatariens. Hiernach stand bereits 1956 die Tatarische Autonome Sowjetrepublik mit einer Rohölförderung von rd. 19 Mill. t an 1. Stelle unter den verschiedenen Erdölgebieten der SU. 1960 wird die Tataren-Republik das Dreifache des Standes von 1955 erreichen. „Die Erschließung der in dem riesigen Wolga-Ural-Gebiet neu entdeckten Ölvorkommen wird beschleunigt vorangetrieben. Der 6. Fünfjahrplan sieht vor, daß 1960 in diesem Gebiet mehr als 100 Mio t gefördert werden."

Die Ölfelder der Tatarischen ASSR liegen am Mittellauf der Wolga, westlich der Felder der Baschkiren-Republik und nordöstlich der im Bezirk Kujbyschew „neu erschlossenen sehr ergiebigen Vorkommen" innerhalb und östlich des Wolgabogens. Das Vorhandensein großer Raffinerien in Kujbyschew, Sissran, Saratow, Gorki, Perm u. a. Städten ermöglicht es, daß ein großer Teil des tatarischen Rohöls in der Republik selbst verarbeitet werden kann.

„Man hofft, daß die Bohrleistung (Aufschließungs- und Produktionsbohrungen) in der Tataren-Republik von 1956 bis 1960 insgesamt 5,4 Mio m betragen wird gegenüber nur 1,8 Mio m in den Jahren 1951—1955. Eine so erhebliche Steigerung ist möglich, nachdem die Turbo-Bohrmethode immer mehr zur Anwendung gelangt.

In 96% aller Fälle findet jetzt das Turbo-Bohrverfahren Anwendung, wobei Wasser als Spülung benutzt wird. Diese Verbesserungen haben zusammen mit einer neuen Methode zum Schnellbau von Bohrgerüsten die Bohrdauer erheblich verkürzt und die Kosten wesentlich verringert."

„Zusätzlich zu den in Ausbeutung befindlichen Feldern werden im Zuge der Entdeckung neuer Ölablagerungen in den verschiedenen geologischen Schichten praktisch jedes Jahr weitere Vorkommen erschlossen. So ist im vergangenen Jahr die regelmäßige Förderung aus einigen Sonden bei Wostochno-Sulejewo aufgenommen worden. Öl in wirtschaftlich erschließbaren Mengen wurde ferner bei Elabuga am rechten Ufer der Kama im Norden der Tatarischen Republik gefunden. Diese Entdeckung ist wichtig, da sie auf das Vorhandensein weiterer Ölvorkommen in diesem Landesteil hindeutet, während alle bisher festgestellten Ölfelder im Südosten der Republik liegen."

Die Produktion konnte durch sekundäre Verfahren, vor allem durch Wasserfluten, ganz erheblich erhöht werden. Sehr bewährt hat sich die hydraulische Frac-Methode. An 2 Rohölleitungen von Almetijewsk nach Perm und von Almetijewsk nach Gorki wird z. Zt. gebaut. Sie haben eine Gesamtlänge von 1040 km. 9 starke Pumpstationen werden an den neuen Strecken errichtet. Die Erdgasgewinnung wird beständig gesteigert. Neben Almetijewsk werden auch Industriewerke und Wohnviertel in anderen benachbarten Städten mit Erdgas versorgt. Zwischen Minibajewo und Kasan wurde die erste Ferngasleitung fertiggestellt. Das Rohgas wird in Kasan aufbereitet. Die Leitung soll um 386 km bis nach Gorki verlängert werden, wodurch dann täglich 150 Waggonladungen Kohle eingespart werden können.

E.

Gasleitung Schtschekino—Stalinogorsk

Der Volkswirtschaftsrat des Wirtschaftsgebietes von Tula beschloß, eine Gasleitung von Schtschekino nach dem chemischen Kombinat Stalinogorsk zu legen. Durch diese Leitung gelangt das billige Gas von Stawropol in die Werkabteilungen des Kombinats. Das Gas wird im chemischen Kombinat an Stelle von Koks für die Wasserstoffgewinnung genutzt. Dadurch können die Selbstkosten für die Herstellung von Ammoniak um die Hälfte gesenkt werden. Weiter ergibt sich die Möglichkeit, die Erzeugung von Stickstoffdünger erheblich zu steigern.

Erdgas wird in die Luft gejagt

In der Nähe von Oldenburg muß die Mobilöl AG täglich etwa 15000 m³ Erdgas in die Luft jagen, weil kein Abnehmer vorhanden ist. Wegen der Koppelung mit der Erdölförderung kann die Erdgasgewinnung nicht eingestellt werden.

Erdöl und Erdgas im Vorland des Himalaja

Im Punjab wurde eine Sonde der indischen „Staatsgesellschaft für Erdöl und Erdgas" fündig. Dem neuentdeckten Vorkommen im Vorland des Himalaja-Gebirges dürfte besondere Bedeutung zukommen. Bisher ist nur bekannt, daß Gas in „bemerkenswerter Menge" austrat; später soll die Sonde auch Erdöl ausgeworfen haben.

E.

Erdgasvorkommen am Eriesee (Kanada)

Am Ufer des Eriesees sind größere Erdgasvorkommen erschlossen worden. Durchschnittlich sollen die produktionsfähigen Sonden fast 30000 m³ Erdgas pro Tag ausgeben. Die am weitesten in den See vorgeschobene Sonde liegt 7,24 km vom Ufer entfernt. Die Gassuche im Eriesee erstreckt sich zur Zeit auf die gesamte Küste von Detroit bis zum Niagarariver, da man vermutet, daß sich mehrere der Gasfelder Südwestontarios unterhalb des Sees fortsetzen. Im Jahre 1956 produzierten jene Felder etwa 0,37 Mrd. m³, die Hälfte des Bedarfs der Provinz Ontario. Im Vergleich zu den umfangreichen Gasvorkommen Westkanadas handelt es sich hier nur um recht kleine Felder. Die Gasvorkommen im Eriesee liegen aber relativ nahe an der Oberfläche (300 bis 450 m); sie können daher ohne großen Kostenaufwand erschlossen werden.

E.

Die Erdgasversorgung Österreichs

Im Jahre 1958 werden etwa 1,5 Mrd. m³ Erdgas in Österreich verbraucht werden. Bereits 1913 wurde bei Egbell Erdgas gefunden, jedoch war die Menge zu gering, um wirtschaftlich genutzt zu werden. 20 Jahre später entdeckte man in Oberlaa, am südlichen Wiener Stadtrand, ein größeres Feld mit 13,5 Mio m³ Erdgas. Es wurde innerhalb eines Jahres von den Gaswerken verbraucht. Nach dem 2. Weltkrieg wurden nördlich von Wien die großen Ölfelder von Zistersdorf entdeckt, und man stieß dort auf große Mengen von Naß-Erdgas, das man mit Hilfe von Kompressoren nach Wien leitete. Die größten Erdgasfunde wurden später im Gasfeld Zwerndorf und im Ölfeld Matzen gemacht. 1955 wurden noch 240 Mio m³ Erdgas, das waren 45% des damaligen Anfalls, abgefackelt. In den letzten Jahren hat man im Eiltempo die nötigen Erdgasleitungen gebaut, um das Erdgas der österreichischen Wirtschaft in vollem Umfang zugänglich zu machen. Die Gasleitungen werden mit Hilfe modernster englischer Maschinen, mit einer garantierten Tagesleistung von 1000 m, gelegt. E.

Erdgasbasis für deutsches Wärmekraftwerk

Als 1. deutsches Kraftwerk verwendet das Heizkraftwerk Müllerstraße der Stadt München bei der Beheizung eines seiner beiden Kessel Erdgas. Die Überleitung ging reibungslos vor sich. Es werden durchlaufend stündlich 1100 m^3 verbraucht, wobei jeweils 1 m^3 dem Wärmewert von 1,2 kg Kohle entspricht. Das aus Isen bezogene Erdgas ist völlig schwefelfrei und hat einen unteren Heizwert von 8500 cal. Die Investitionen betragen rd. 4 Mio DM für die Erdgasleitung, 3 Mio DM für die Spaltanlage des Gaswerks und 1 Mio DM für die Anschlußleitungen in der Stadt, für die Brenner und Umformer.

Im Wiener Kraftwerk Simmering werden seit 10 Jahren 8 Kessel täglich mit 1 Mio m^3 Erdgas beheizt, ohne daß es zu irgendwelchen Zwischenfällen gekommen ist. E.

Die Rohstoffbasis der bulgarischen Schwerindustrie

Im „Rabotnitschesko Delo", Sofia, v. 5. 7. 1958 teilte der Minister für Schwerindustrie, TANO ZOLOW, über die Zukunft der bulgarischen Schwerindustrie u. a. folgendes mit:

Auf dem Gebiet der Kohlenindustrie wird das Schwergewicht auf eine verstärkte Gewinnung von Lignit und Steinkohle gelegt. Die geologischen Untersuchungen des Beckens Mariza-Ost haben große Vorräte an Lignit ergeben, die 78% aller Kohlenvorkommen des Landes ausmachen. Dadurch können im dritten Planjahrfünft etwa 10 Mio t Lignit jährlich mehr gefördert werden.

Charakteristisch für die Entwicklung der Kohlenindustrie im dritten Planjahrfünft ist ihre Ausrichtung auf den Tagebau. Etwa 93% des Lignits, der in den während des dritten Planjahrfünfts neugeschaffenen Anlagen gefördert wird, kommen aus Tagebauen. Das wird die Arbeitsproduktivität steigern und die Selbstkosten bei der Kohlengewinnung senken. So ist z. B. zu erwarten, daß die Selbstkosten für eine Tonne Kohle, die im Tagebau „Mariza-Ost" abgebaut wird, bedeutend niedriger sind als die Selbstkosten des bisher abgebauten Lignits. Auf der Basis der Lignit-Vorkommen im Becken „Mariza-Ost" wird eine große Brikettfabrik mit einer Leistung von 1800000 t Briketts jährlich errichtet werden. Bis Ende 1962 wird sie 1200000 t Briketts jährlich produzieren.

Zur Versorgung des kokschemischen Werkes mit der nötigen Kohle werden im Balkan-Steinkohlenbecken 7 neue Steinkohlenbergwerke mit einer Gesamtleistung von 855000 t und eine Aufbereitungsfabrik für die Verarbeitung der Steinkohle mit einer jährlichen Leistung von 1000000 t gebaut. Die Entwicklung der Steinkohlenindustrie wird am Ende des dritten Planjahrfünfts eine jährliche Steinkohlenförderung von über 19000000 t sichern bzw. sich im Vergleich zu 1957 um etwa 60% erhöhen.

In den nächsten 5 Jahren werden neue Aufbereitungsanlagen für die jährliche Verarbeitung von etwa 1 Mio t Blei- und Zinkerzen sowie von 250000 t Kupfererzen in Betrieb genommen. Die Blei- und Zinkhütte in Kyrdshali wird erweitert und die bleiverarbeitende Fabrik in Kurilo rekonstruiert. Gleichzeitig wird in der neuen Blei- und Zinkhütte in der Nähe von Plowdiw eine Abteilung zur Zinkgewinnung gebaut werden, die von großer volkswirtschaftlicher Bedeutung sein wird. Sie wird die Verarbeitung von oxydischen Zinkerzen sowie aller Haldenrückstände ermöglichen, die bedeutende Mengen an Blei und Zink enthalten. Die neue Blei- und Zinkhütte ist mit einer jährlichen Leistung von 30000 t Zink und 40000 t Blei projektiert.

„Bei der Schaffung der notwendigen Rohstoffbasis für die Schwerindustrie kommt den Forschungsarbeiten außerordentlich große Bedeutung zu. In Verbindung damit werden die geologischen Forschungsarbeiten zur Erschließung neuer Vorkommen an Erdöl und Erdgas, Buntmetallerzen und seltenen Metallen, Braunkohle und anderen wichtigen Bodenschätzen fortgeführt. Besondere Aufmerksamkeit wird der Auffindung von Kohlenvorkommen geschenkt." E.

Aus der argentinischen Montanindustrie [1]

Infolge der Steigerung der Kohlenförderung in „Rio Turbio" (1956: 71500 t, 1957: 122000 t) konnten die Kohleeinfuhren vermindert werden.

Die Einfuhren von Kohle betrugen 1956: 1,3 Mio t, 1957: 1 Mio t, von Koks 124000 t bzw. 121000 t.

Die staatliche Erdölgesellschaft Y. P. F. nennt folgende Produktionszahlen für die kommenden Jahre:

Jahr	Mio. cbm
1957	4,6
1958	5,9
1959	8,5
1960	13,8
1961	16,5
1962	18,7

Im Jahre 1962 hofft man den einheimischen Verbrauch durch eigene Erzeugung voll decken zu können. Einem Konsumtionsanstieg von 9% (1957 gegenüber 1956) stand eine 9,5%ige Produktionssteigerung gegenüber.

Zur Erreichung dieser Produktionsziele der Y. P. F. müssen bis 1960 insgesamt 40 Mrd. Pesos (einschl. Devisenausgaben) investiert werden. Für 1958 sind Investitionen in Höhe von 5,64 Mrd. Pesos vorgesehen.

Bedeutende Eisenerzvorkommen wurden in der Provinz Rio Negro nachgewiesen, wobei es sich um Erze mit hohem Phosphorgehalt handelt, die auch im Tagebau abgebaut werden können.

Entwicklung der Zementerzeugung (in Mio t)

Jahr	Prod.	Import	Konsum
1955	1,86	0,21	2,07
1956	1,96	0,05	2,00
1957	2,27	0,02	2,29

[1] Aus Länderinformationen, Deutsches Institut für Marktforschung, Berlin, Nr. 1/1958 — Argentinien Seite 5

Kohlenvorräte Ostsibiriens

Der Vorsitzende des Geologischen Fonds der UdSSR hat in der Moskauer Industrie- und Wirtschaftszeitung die Vorräte Ostsibiriens an Stein- und Braunkohle als praktisch unerschöpflich bezeichnet. Bis zu einer Teufe von 1800 m wurden die Kohlenvorräte auf 6713 Mrd. t berechnet, bis zu einer Teufe von 1200 m sind 5500 Mrd. t, bis zu 600 m Teufe 3300 Mrd. t und bis 300 m Teufe 1913 Mrd. t berechnet worden. Hierbei wurden nur Steinkohlenflöze von mehr als 40 cm und Braunkohlenflöze von mehr als 50 cm Mächtigkeit berücksichtigt. Alle Kohlen mit mehr als 50% Aschengehalt wurden nicht berechnet. Sowohl Steinkohle wie auch Braunkohle werden in großem Maße billig in Tagebauen gewonnen werden können. E.

Förderung von Eisenerz und Kohle in der Südafrikanischen Union (in 1000 t)

	1938	1956	1957
Eisenerzförderung	505	2064	2067
Manganerzförderung	552	697	680
Steinkohlenförderung	18608	33912	35220
Kokserzeugung	163	1481	1500

(Entnommen aus: Die Eisen- und Stahlindustrie, Statistisches Vierteljahresheft April bis Juni 1958, Herausgeber: Statistisches Bundesamt — Außenstelle Düsseldorf, Eisen- und Stahlstatistik — August 1958.) E.

Aufschluß der rumänischen Kohlenvorkommen

Nach dem Informationsbulletin „Agerpress" Nr. 16 v. 15. 8. 1958, S. 4, steht heute die Braunkohle, von der bedeutende Vorkommen in Rumänien aufgefunden wurden, an zweiter Stelle in der Gesamtkohlenproduktion des Landes.

Eine der Hauptaufgaben in bezug auf die Entwicklung der Kohlenindustrie Rumäniens war die Ermittlung neuer Kohlenvorkommen. Der Umfang der geologischen Schürf- und Forschungstätigkeit wurde daher wesentlich gesteigert und war im Jahre 1955 14mal so groß wie 1950 — während die bekannten Vorräte um ungefähr 70% angestiegen sind, und zwar um ein Drittel durch weitere Erkundung der bereits bekannten Vorkommen und um zwei Drittel durch neuerschlossene Reviere.

Gleichzeitig wurde der Konzentration der Kohlenförderung besondere Aufmerksamkeit gewidmet, und so stieg die Zahl der Bergwerke, die jährlich über 600000 t fördern. Das gewährleistete den Bergwerksbetrieben die volle Ausnutzung der fortgeschrittenen Technik und Technologie.

E.

Braunkohlenvergasung in der ČSR

Einem Aufsatz von Z. Beránek im „Plánované hospadárství", Prag, Nr. 3/1958, entnehmen wir, daß in der ČSR jetzt erfolgreiche Versuche zur Untertagevergasung von Braunkohlen durchgeführt worden sind. An den Versuchsarbeiten ist in bergbaulicher und geologischer Hinsicht das Braunkohle-Forschungsinstitut in Most und in maschineller Hinsicht das Forschungsinstitut der I. Maschinenfabrik von Brno (Klement-Gottwald-Werk) beteiligt.

Bei den Versuchen wurde das Bohrlochverfahren angewandt, wobei in Abständen von 25 m Bohrungen mit 200 mm Durchmesser niedergebracht wurden. Die vergaste Kohle enthält ungefähr 40% Wasser und 18% Asche; die Mächtigkeit des Flözes erreichte 3 m.

Die Versuche in der ČSR lassen erkennen, daß die Vergasung nichtbauwürdiger Lagerstätten, deren Zahl allerdings nicht bedeutend ist, in rentabler Weise möglich ist. Für die Vergasung kommen einige kleinere Lagerstätten in Böhmen in Frage, z. B. bei Most, Chomutov, Plžen, Kladno, Rakovnik und Verneřovice, sowie neuentdeckte Vorkommen in der Slowakei, z. B. bei Beladice, Hnojné und Lakšavská Nová Ves.

Auf Elektroenergie bezogen, handelt es sich um die Rohstoffbasis für Einheiten von einigen MW bis zu 200 MW. Zusammengefaßt stellen sie immerhin einen wichtigen Faktor dar, um die Versorgung des Landes mit Elektroenergie zu verbessern. Das gewonnene Gas hat einen Heizwert von etwa 900 kcal/m^3 und wird zum Antrieb von Gasturbinen ausgewertet.

Von großer wirtschaftlicher Bedeutung ist auch die Vergasung der in alten Bruchfeldern und in Restpfeilern noch vorhandenen Kohle. In diesen Revieren können Millionen Tonnen Kohle vergast werden. Wegen des größeren Umfangs dieser Vorräte könnte man auch in diesen Gebieten mit einigen 100 MW Elektroenergie rechnen, die der Volkswirtschaft zusätzlich zur Verfügung gestellt werden könnten.

Die Ergebnisse, die im Versuchswerk Peter-Paul bei Teplice erzielt werden, werden zeigen, inwieweit die Untertagevergasung nichtbauwürdiger Braunkohlenvorkommen zu einem Wirtschaftsfaktor in der ČSR werden kann.

E.

Nephelin in Tannutuwa

Im autonomen Gebiet von Tannutuwa in Ostsibirien sind nach einer TASS-Meldung große Vorkommen von Nephelin entdeckt worden. Nach Ansicht sowjetischer Fachleute sind die Nephelin-Vorkommen dieses Gebietes praktisch unerschöpflich. Bisher sind nach vorläufigen Berechnungen mehrere 100 Mio t näher erkundet. In diesem Gebiet wird in der Zukunft ein wichtiges Ostsibirisches Zentrum der Aluminium-Produktion entstehen können, da billiger Kraftstrom aus den geplanten Wasserkraftwerken an der Angara und am Jenissei ausgenutzt werden kann. E.

Rennanlage Rhein-Ruhr

Die Rennanlage Rhein-Ruhr in Essen wird in 6 Drehöfen eisenarme Erze mit geringwertigen Brennstoffen (Koksgrus, Feinmagerkohle usw.) verarbeiten. In den Öfen werden die Eisenoxyde bei Temperaturen von 600—1100° in Eisenschwamm umgewandelt, der im letzten Teil des Ofens zu sogenannten Luppen zusammengeschweißt wird. Den Ofen verläßt eine teigartige, aus Luppen und Schlacken bestehende Masse, die nach Abkühlung gemahlen wird und aus der durch Magnetscheidung die Luppen in einer Größe von 1,5—2 mm mit einem Eisengehalt von 93—96% gewonnen werden. Je nach Phosphor- und Schwefelgehalt können diese Luppen entweder direkt im Hochofen oder als Schrottersatz im SM- oder Elektroofen eingesetzt werden.

Man rechnet damit, daß der erste Drehrohrofen Mitte 1959 in Betrieb genommen werden kann und die übrigen 5 Öfen sämtlich in der zweiten Hälfte des Jahres 1960 fertiggestellt sein dürften. Es wird dann möglich sein, jährlich 420000 bis 450000 t Luppen zu erzeugen. Von den dazu erforderlichen 1,2 Mio t Erzen sollen 30—40% im Inland und der Rest im Ausland beschafft werden. Der Brennstoffbedarf wird mit 400000 t angegeben. Die Gesamtkosten werden 100 Mio DM erreichen.

E.

Kalksandstein-Industrie

Einem Aufsatz von R. Gunzelmann „Die Frage der Automation in der Kalksandsteinindustrie" — „Tonindustrie-Zeitung" Nr. 16/1958, S. 341—348 — entnehmen wir über die Entwicklung der Kalksandsteinindustrie in Deutschland:

„Kalksandsteine sind nach DIN 106 genormt und begrifflich so definiert, daß es sich um Bausteine handelt, die aus einem Gemisch von Sand und Kalk geformt, einer Dampfhärtung unterworfen werden und danach verwendungsfertig sind. Die grundlegenden Untersuchungen für die Herstellung von Kalksandsteinen wurden Ende des vorigen Jahrhunderts in Deutschland und England gemacht. Aus diesen Untersuchungen deutscher und englischer Wissenschaftler entwickelte sich zu Beginn unseres Jahrhunderts allmählich eine Industrie, nachdem seit Jahrtausenden dem Baustoffmarkt nur Natursteine und als künstlicher Stein nur der gebrannte Ziegelstein zur Verfügung standen. Auf reichlich vorhandenen Quarzsandvorkommen in Ost,- Mittel- und Norddeutschland setzte eine stürmische Produktionsentwicklung ein; der weiße Partner des Ziegelsteines eroberte sich mit beachtlicher Geschwindigkeit seinen Anteil im Bauwesen. Aus anfänglich handwerklicher und gewerblicher Herstellung entwickelte sich die heutige industrielle Produktion. Auf Grund seiner guten Eigenschaften konnte sich dieser neue Stein innerhalb von 60 Jahren so weit durchsetzen, daß er jetzt in der Bundesrepublik mehr als 20% der Gesamt-Bausteinproduktion ausmacht."

„Es zeigt sich deutlich die Häufung der Kalksandstein-Fabriken auf den reichen Sandvorkommen Nord- und Westdeutschlands. Gleichzeitig war der Kalksandstein aber auch in anderen europäischen Ländern erfolgreich. In den z. B. an Naturstein so sehr armen Niederlanden ist sein prozentualer Anteil an der Baustoffversorgung noch wesentlich größer als in Deutschland. Dank seiner rohstoffmäßigen Anspruchslosigkeit und der heutigen verhältnismäßig einfachen Verfahrenstechnik befindet er sich in ständiger Weiterverbreitung, und zwar auch in überseeischen Ländern und heute noch unterentwickelten Gebieten."

In einer kleinen Kartenskizze gibt der Autor eine Übersicht über die Lage der Kalksandsteinwerke in der Bundesrepublik.

E.

Streckenvortrieb durch Radiowellen

Der Streckenschnellvortrieb in Kohlen- und Erzbergwerken kann durch elektrophysikalische Verfahren, bei denen mittels schnell wechselnder elektrischer Felder und Wellen selbst das zäheste Gestein zertrümmert wird, erheblich beschleunigt werden. Das sowjetische Unions-Forschungsinstitut für Kohlenbergbau hat entsprechende Apparaturen entwickelt. Ein Hochfrequenzstrahler, der zur Zerkleinerung großer Brocken des Haufwerks bestimmt ist, wiegt z. B. nur 10 kg.

Über die Wirkung der Apparaturen teilt die „Promyschlenno-Ekonomitscheskaja Gaseta" vom 1. 7. 1958 folgendes mit:

„Vor uns liegen Muster von einigen Gesteinen: riesige Granitklumpen, Sandsteinbrocken, Stücke von Athrazit und verschiedene Erze.

Der Gleichrichter, der durch Kabel mit dem Strahler ‚Schachta' (Dauerstrahlungsleistung fast $2^1/_2$ kW bei einer Frequenz von 3 Mrd. Schwingungen in der Sekunde = 3000 Megahertz) verbunden ist, wird eingeschaltet und der Strahler an eines der Prüfstücke herangeführt. An der Uhr lesen wir die Sekunden ab und beobachten das mit einem Strom starker elektromagnetischer Schwingungen bestrahlte Prüfstück. In dem Stein scheinen bisher keine Veränderungen eingetreten zu sein. Aber das scheint nur so. Die Energie der elektromagnetischen Wellen setzt sich in dem Stein in Wärmeenergie um. Im Innern des Steins kommt es zu ungeheuren Wärmespannungen, zu Verschiebungen der Kristalle und Schichtungen. Der starke Strahl elektromagnetischer Schwingungen wirkt wie ein Keil. Zehn, zwanzig Sekunden vergehen, und dann knackt es leise. Auf der Oberfläche des Prüfstücks zeigen sich Risse. Sie wachsen, erweitern sich. Der Stein zerfällt in mehrere Teile. Wenn man die Bestrahlung so ändert, daß sich die Strahlungsenergie im Innern des Steins langsamer akkumuliert, gibt es eine ‚Explosion'. Die inneren Spannungen werden so groß, daß es den Stein buchstäblich in Stücke reißt. Wieder andere Bestrahlungsarten führen zu einer schnellen Ablösung von Gesteinsstückchen nur an der Oberfläche des Abbauortes. Sehr interessant ist eine Schlußfolgerung, zu der die Gelehrten gelangt sind: je schwieriger ein Gestein mechanisch zu zerstören ist, desto leichter läßt es sich auf elektrophysikalische Weise zerstören.

Vor uns liegt die Skizze des Projekts einer ziemlich einfachen Maschine. Ihre Konturen erinnern an eine übliche Vortriebskombine. Diese Maschine aber ist für den Vortrieb in härtestem Gestein bestimmt. An ihrem Hauptbohrer befinden sich starke Hochfrequenzstrahler. Das Gestein löst sich unter der Wirkung der elektromagnetischen Energie. Man hat berechnet, daß diese Vortriebskombine an einem Tage die Monatsarbeit einer Streckenvortriebsbrigade bewältigen kann." E.

Die Weiterentwicklung des Großlochbohrens für die Herstellung von Bohrschächten

Die Herstellung von Großbohrlöchern bis 813 mm Durchmesser mit den üblichen Großlochbohrmaschinen, Rollenmeißeln und Bohrgestängen bis 140 mm Durchmesser in Karbongesteinen ist bekannt.

In Weiterentwicklung des Großlochbohrens ist es auf einer Zeche des niederrheinisch-westfälischen Steinkohlengebietes inzwischen gelungen, mit einer Großlochbohrmaschine vom Typ P 30 der Turmag in Sprockhövel i. W., einem Bohrgestänge von 140 mm Durchmesser sowie einem neuen Erweiterungsbohrgerät erstmalig ein Großbohrloch von 1219 mm Durchmesser und 41 m Länge hochzubringen. Die Herstellung dieses Förderbohrschachtes erforderte sechs Bohrzüge. Zum Bohren wurde eine fünfarmige Bohrkrone von 813 mm Durchmesser benutzt, die mit Flanschen zum Befestigen von einsteckbaren Kegelrollenmeißeln versehen war. Die Meißel der üblichen Ausführung laufen dabei auf Einsteckachsen mit Anschraubnocken, die die Verbindung zwischen der Bohrkrone und den Kegelrollen herstellen. Außerdem sichern tangential eingesetzte Paßbolzen die Kegelrollen gegen Verdrehen. Zur Vergrößerung des Durchmessers des Bohrgerätes von 1019 mm auf 1219 mm werden Zwischenstücke eingesetzt. Die Führung des Erweiterungsbohrgerätes erfordert besondere Sorgfalt. Der Antrieb erfolgt durch Preßluft-, Elektro- oder Flüssigkeitsmotoren (Gemisch aus Öl und Wasser). Nach dem Verrohren wurde das Bohrloch mit den für die Seilfahrt und Materialförderung notwendigen Einrichtungen, insbesondere mit einem Förderhaspel und einem zylindrischen Förderkorb versehen.

Während die Herstellung von Bohrschächten in einem Arbeitsgang darin eine Grenze findet, daß die Bohrmaschine zu groß ausgelegt werden müßte, dürfte eine stufenweise durchgeführte Bohrung unter Verwendung einer Bohrkrone mit Sammel- oder Einzelantrieb und einer Bohrmaschine P 30 mit einem geeigneten Gestänge mehr Erfolg versprechen. Bei Weiterentwicklung des Bohrgerätes, der Bohrstangenführung und des Abfangens schädlicher Drehmomente ist es durchaus möglich, Bohrlöcher von noch größerem Durchmesser herzustellen. Die Kosten für das Bohren einschl. der Verrohrung von 41 m betragen 985 DM/m. Sie lassen sich durch bessere Betriebsorganisation noch herabsetzen. E. SIEGMUND

Literatur

STEINER, FRIEDRICH: Großlochbohren beim Auffahren von Gesteinsstrecken. Glückauf 88 (1952), S. 987/98. KEGEL, KARL-HEINZ: Abteufen eines Blindschachtes mit einem Großbohrloch als Rolloch. Glückauf 92 (1956) S. 197/204. TRÖSKEN, KURT: Neueste Erfahrungen beim Großlochbohren im Ruhrbergbau unter Tage. Glückauf 92 (1956) S. 581/98.
STEINER, FRIEDRICH: Die Weiterentwicklung des Großlochbohrens für das Herstellen von Bohrschächten. Glückauf 94 (1958), S. 757 bis 767.

Drehschlag-Großbohrlochmaschine besonderer Art

Zu den drei Bohrverfahren, dem stoßenden, dem schlagenden und dem drehenden Bohren ist in neuester Zeit ein viertes, das Drehschlagbohren oder sog. Vibrobohren hinzugekommen. Es handelt sich hierbei um eine Verbindung vom schlagenden und drehenden Bohren. In milderen Gesteinen überwiegt das drehende, in härteren Gesteinen das schlagende Moment. Der stetige Andruck wird in eine Vielzahl von Schwingungen zerlegt. Durch die hierbei entstehende Vibration wird die Bohrlochsohle leicht vorgekerbt. Durch den hohen Anpreßdruck bleibt die Bohrschneide mit dem Bohrlochtiefsten in ständiger Berührung. Sie kann sich demnach von der Bohrlochsohle nicht entfernen, wie dies beim schlagenden Bohren der Fall ist. Durch die Schläge des Schlagkolbens auf das Bohrwerkzeug leistet die Bohrschneide eine ständige Kerbarbeit im Gestein. In den kurzen Pausen zwischen Schlag- und Rückhub kann die Bohrstange durch den hohen Anpreßdruck nicht mehr umgesetzt werden, sondern sie muß gedreht werden, was zwischen den Schlaghüben erfolgt.

Eine Drehschlag-Großlochbohrmaschine besonderer Art ist das Gerät, bei dem der Schlagkolben nicht wie bisher üblich am oberen Ende der Bohrstange angeordnet ist, sondern im Bohrloch unmittelbar über der Bohrlochsohle liegt. Durch diese Bauweise werden die durch die Formänderungen langer Bohrstangen hervorgerufenen Energieverluste vermieden. Die Bohrtiefe beträgt bis 50 m, der Bohrlochdurchmesser 80 bis 100 mm, die Motorleistung 3 PS und das Gewicht 680 kg (einschl. Bohrwagen mit senkrechter Lafette). Im Steinbruchbetrieb, in dem heute weitgehend das Großlochbohren von 70 bis 90 mm Durchmesser angewendet wird, benutzt man die Drehschlag-Großlochbohrgeräte für härtere, vorwiegend quarzhaltige Gesteine. Man verwendet dann aber vorteilhaft Bohrwagen mit lotrechter Lafette.

Das Drehschlagbohren ist in allen Gesteinen durchführbar, auch in den härtesten, die bisher dem Bohrhammer vorbehalten waren. Der Bohrfortschritt und der Verschleiß ist dem schlagenden Bohren gegenüber günstiger. Das Drehschlagbohren ist dem drehenden Bohren in der Bohrleistung und in der Lebensdauer der Bohrschneiden und des Bohrgestänges in jedem Falle weit überlegen. Das Drehbohren wurde vom Drehschlagbohren überholt. Das Drehschlagbohren ist wegen des erforderlichen hohen Andrucks nur mit schweren, teuren Bohrwagen möglich. Deshalb wird es das schlagende Bohren nur schwer verdrängen können.

E. SIEGMUND

Literatur

GARBOTZ, G.: Baumaschinen. VDI. Z. 100 (1958) S. 375/81. — Baumaschinen und Baubetrieb. 2. Auflage Bd. II. München, S. 347ff. — Großbohrlochmaschinen. Bauwirtschaft 11 (1957), S. 1562. — Großbohrlochmaschinen. Steinbruch und Sandgrube (1957) S. 257.
PRICKEL, G.: Tiefbohrgeräte. Wien 1957. — MÜLLER, O.: Bohrwerkzeuge für Kern- und Vollbohrungen für den Talsperrenbau. Techn. Mitt. 49 (1956) S. 49ff.

Gezeiten-Kraftwerk in der Sowjetunion

Wie die sowjetische Nachrichtenagentur TASS mitteilt, untersucht eine sowjetische wissenschaftliche Expedition zur Zeit die Küste des Weißen Meeres, wo in der Mesen-Bai drei Gezeiten-Kraftwerke geplant sind. Diese drei Kraftwerke sollen an Gegenden elektrischen Strom liefern, in denen infolge fehlender anderer Brennstoffe Wärmekraftwerke unrentabel sind. Die ersten Untersuchungen hätten bereits gezeigt, daß die Differenz des Wasserstandes zwischen Niedrig- und mittlerem Hochwasser in der Mesen-Bai 8—9 m betrage. Dies gewährleiste die Erzeugung einer beträchtlichen Menge an Elektrizität. Die Expedition will ihre Untersuchungen auch im Winter fortsetzen, um die Maximalhöhe der Flutwelle, den Einfluß des Winters auf die Gezeiten, den Eisgang in der Bucht und die geologischen Verhältnisse genau festzustellen. Es wird mit der Möglichkeit gerechnet, daß beim Bau des Gezeiten-Kraftwerks in der Mündung des Mesen auch ein neuer Hafen für tiefgehende Schiffe angelegt werden kann.

E.

Erdöl in Indien

Die indische Rohölproduktion wird bis 1961 nahezu 3 Mio t erreichen. Dies gab die 1956 durch die Regierung eingesetzte Öl- und Naturgaskommission bekannt. Die Schätzung umfaßt die Produktion der neu entdeckten Ölfelder in Nahorkativa, Hugrijan und Moran. Die Kommission hat Vorschläge zur Investition von 300 Mio Rupien für die Ölforschung im zweiten und dritten Fünfjahrplan ausgearbeitet. Diese Vorschläge basieren auf einem Plan, der durch sowjetische Experten angeregt wurde. Der indische Ölbedarf wird am Ende des zweiten und dritten Fünfjahrplanes etwa 7 bzw. 14 Mio t ausmachen. Der augenblickliche Jahresverbrauch wird auf 5 Mio t geschätzt, von denen 400000 t in Indien, hauptsächlich auf dem Digboi-Ölfeld in Assam gefördert werden. E.

FSC
www.fsc.org
MIX
Papier | Fördert gute Waldnutzung
FSC® C083411

Kolibri 360 GmbH
Ferdinand-Jühlke-Straße 7
99095 Erfurt, Deutschland
produktsicherheit@kolibri360.de